高等职业教育精品工程系列教材

自动编程与综合加工实例

何永强　赵淑霞　主编

电子工业出版社

Publishing House of Electronics Industry

北京·BEIJING

内 容 简 介

本书结合实际操作情况针对企业生产中的典型数控加工载体，以产品的典型性、知识的完整性、教学的可授性为原则提炼了 9 项教学实例，深入浅出地讲解了基于 UG NX 10.0 的自动编程与综合加工的全过程。

全书共分 9 章，主要包括 UG NX 10.0 数控加工自动编程概述、叶轮的自动编程与综合加工、轴套的自动编程与综合加工、多功能支架的自动编程与综合加工、圆口碗的自动编程与综合加工、手机支架的自动编程与综合加工、烟灰缸的自动编程与综合加工、香皂盒的自动编程与综合加工及熊工件的自动编程与综合加工，各章均配以图片详细演示了其自动编程的步骤和技巧。在资料包中附有自动编程实例文件，以方便读者理解和掌握相关知识。

本书内容新颖实用，实例丰富，可供从事机械设计与制造、模具制造、数控加工等工程技术人员，以及大专院校师生、CAD/CAM 研究与应用人员参阅。尤其适合初学者快速掌握和使用 UG NX 10.0 的自动编程模块，为进一步深入学习奠定基础。

图书在版编目（CIP）数据

自动编程与综合加工实例 / 何永强，赵淑霞主编. —北京：电子工业出版社，2022.6

ISBN 978-7-121-43913-1

Ⅰ. ①自… Ⅱ. ①何… ②赵… Ⅲ. ①数控机床－程序设计－高等学校－教材 Ⅳ. ①TG659.022

中国版本图书馆 CIP 数据核字（2022）第 118212 号

责任编辑：郭乃明　　　　特约编辑：田学清
印　　刷：三河市良远印务有限公司
装　　订：三河市良远印务有限公司
出版发行：电子工业出版社
　　　　　北京市海淀区万寿路 173 信箱　　　　邮编　100036
开　　本：787×1 092　　1/16　　印张：18.25　　字数：399.5 千字
版　　次：2022 年 6 月第 1 版
印　　次：2022 年 6 月第 1 次印刷
定　　价：54.00 元

前言

本书内容结合工件加工的工艺合理性，使读者通过实例化的学习系统掌握相关的数控加工自动编程知识要点和操作实用技巧。书中实例是根据作者多年的教学经验和企业生产实践整理编写的，具有条理性、典型性、实战性和趣味性，强调知识点与实际生产加工的关联度。全书采用项目实例化的教材模式，使读者能全面、系统、深入地理解并掌握数控加工自动编程的知识点和实操技能。

通过融经验、技巧于一体的典型实例讲解，系统介绍 UG NX 10.0 的主要功能，以及数控加工自动编程的方法与过程。在资料包中附有自动编程实例文件，以方便读者理解和掌握相关知识。本书的主要内容如下。

（1）概述 UG NX 10.0 数控加工自动编程的基本操作过程，通过一个凸台工件的自动编程，全面展示了 UG NX 10.0 数控加工模块的启动、用户界面、快捷键、铣削命令选取、刀轨定义和后置处理等方面的基础知识。

（2）通过叶轮和轴套的自动编程与综合加工实例，运用 UG NX 10.0 加工模块的型腔铣、平面铣、深度轮廓加工等命令进行综合编程，说明较简单工件的数控加工工序安排及其参数设置方法。

（3）通过多功能支架和圆口碗的自动编程与综合加工实例，运用 UG NX 10.0 加工模块的型腔铣、深度轮廓加工、区域轮廓铣等命令进行综合编程，说明较复杂工件的数控加工工序安排及其参数设置方法。

（4）通过手机支架的自动编程与综合加工实例，运用 UG NX 10.0 加工模块的面铣、型腔铣、深度轮廓加工等命令进行综合编程，说明配合工件模型加工工序安排的重要性。

（5）通过烟灰缸、香皂盒和熊工件的自动编程与综合加工实例，进行 UG NX 10.0 数控加工自动编程的综合应用，进一步说明对于复杂工件的数控加工参数设置方法，以及工件模型加工工序安排的重要性。

本书可供从事机械设计与制造、模具制造、数控加工等工程技术人员，以及大专院校师生、CAD/CAM 研究与应用人员参阅，尤其适合初学者快速掌握和使用其主要功能，为进一步深入学习奠定基础。

本书由义乌工商职业技术学院的何永强、赵淑霞任主编，第 1 章由赵淑霞、何永强编写，第 2、4、6、9 章由何永强、张雄泽编写，第 3、5、7、8 章由赵淑霞、张帅军编写。浙江义利汽车零部件有限公司为本书提供了部分实际生产实例模型。本书由义乌工商职业技术学院 2017 年度校企合作开发教材项目资助。

由于作者水平有限，书中难免存在不足之处。望各位读者不吝赐教，作者在此深表感谢。

何永强

2020 年 12 月

目录

第1章

UG NX 10.0 数控加工自动编程概述

【内容】

本章通过一个凸台工件，展示运用 UG NX 10.0（以下简称 UG）的加工模块进行数控加工自动编程的基本过程。

【实例】

凸台工件的自动编程与综合加工。

【目的】

通过实例讲解，使读者了解 UG 数控加工自动编程的基本过程。

1.1 概述

数控加工特指在数控机床上进行工件加工的一种工艺方法，其实质就是数控机床按照事先编制的加工程序加工工件的过程。把工件全部加工工艺过程及其他辅助动作，按动作顺序用规定的标准命令、格式编写成数控机床的加工程序，并经过检验和修改，制成控制介质的整个过程称为数控加工的程序编制。使用数控机床加工工件时，程序编制是一项重要的工作。

程序编制方法有手动和自动编程两种。手动编程时，从工件图样分析、工艺处理、数值计算、编写程序单到程序校核等各个步骤均由人工完成。要求编程人员不仅要熟悉数控代码及编程规则，还必须具备机械加工工艺知识和一定的数值计算能力。手动编程适用于工件形状不太复杂、加工程序较短的情况，而复杂形状的工件，如具有非圆曲线、列表曲面和组合曲面的工件，或形状虽不复杂但是加工程序很长的工件，明显难以由手动编程来实现。自动编程时，编程人员只需将工件的几何图形先绘制成图形文件，然后调用数控编程模块，采用人机交互的方式在计算机上确定被加工对象。并且输入相应的加工工艺参数，计算机便可自动进行必要的数学处理并编制出数控加工程序，同时动态显示刀具的加工轨迹。自动编程技术可以解决复杂工件的数控加工编程问题，使编程效率大大提高，具有速度快、精度高、直观性好、使用简便等优点，已经成为目前国内外先进的 CAD/CAM 软件普遍采用的数控编程方法。

　　UG 是西门子公司推出的一款集成的 CAD/CAE/CAM 系统软件，是当今世界上最先进的计算机辅助设计、分析和制造软件之一。该软件不但是一套集成的 CAX 程序，而且已经远远超越了个人和部门生产力的范畴，完全能够改善整体流程，以及提高每个步骤的效率，因而广泛应用于航空航天、汽车、通用机械和造船等工业领域。UG 提供了一个基于过程的产品设计环境，使产品开发从设计到加工真正实现了数据的无缝集成，从而优化了企业的产品设计与制造。

　　UG 的主要模块有建模（包括制图、外形造型设计等）、高级仿真、钣金、船模设计、注塑模向导、装配、加工模块等。

　　UG 加工模块是一套集成了数字化制造和数控加工应用解决方案的模块，是把虚拟模型变成真实产品的重要一步，即把三维模型表面所包含的几何信息自动进行计算，并形成数控机床加工所需要的代码，从而精确地完成产品设计的构想。UG 提供的多种加工类型，用于各种复杂工件的粗、精加工，可以根据工件的结构、加工表面形状和加工精度要求选择合适的加工类型。

1.2　UG 数控加工基本流程

1.2.1　进入加工环境

　　UG 加工环境是指系统弹出 UG 加工界面后进行编程操作的软件环境，在其中可以实现平面铣、型腔铣、深度轮廓加工、区域轮廓铣、多轴铣等不同的加工类型。该环境提供了创建数控加工工艺、数控加工程序和车间工艺文件的完整过程和相应工具，可以实现自动创建数控程序、检查加工刀轨与仿真加工过程等功能。

　　步骤 01：启动 UG，进入 UG 基本环境。单击 🖱 按钮，打开【打开】对话框。选择资料包中的 tutai.stp 文件，单击【OK】按钮，导入凸轮模型。

　　步骤 02：选择【启动】→【加工】命令，若加工模型没有配置 CAM 环境（或初次进入加工环境），则打开图 1-1 所示的【加工环境】对话框。

　　【CAM 会话配置】选区中提供了多种加工类型，用于确定车间资料、后处理、CLS 文件等输出格式，以及所用库的文件，包括刀具、机床、切削方法、加工材料、刀具材料、进给率和速度等文件库。在【要创建的 CAM 设置】选区中选择操作模板类型后单击【确定】按钮，系统将根据指定的操作模板类型，调用相应的模板数据

图 1-1　【加工环境】对话框

进行加工环境的设置。如果需要重新打开【加工环境】对话框，那么依次选择【工具】
→【工序导航器】→【删除设置】命令，在打开的【设置删除确认】对话框中单击【确定】按钮，打开【加工环境】对话框。此时用户可以选择操作模板类型，重新进行加工环境的初始化。

步骤 03：单击【确定】按钮，打开 UG 加工环境。数控编程加工环境如图 1-2所示。

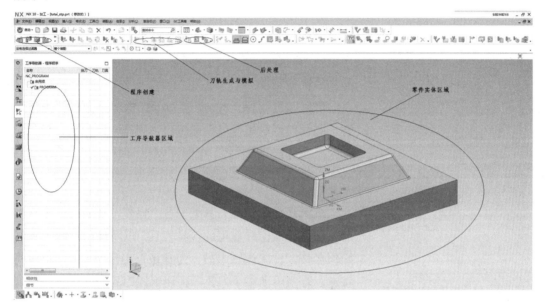

图 1-2　数控编程加工环境

该加工环境主要有 5 个部分，包括刀轨生成与模拟工具栏、后处理工具栏、程序创建工具栏、工序导航器和工件实体区域，其中工序导航器区域用于管理当前部件的加工工序和工序参数。在工序导航器区域的空白处右击，打开图 1-3 所示的工序导航器的快捷菜单。

在此菜单中可以选择显示视图的类型，如程序顺序视图、机床视图、几何视图和加工方法视图，还可以在不同的视图下方便快捷地设置操作参数，从而提高工作效率。

1．程序顺序视图

此视图按加工顺序显示工件的所有操作及其所属的程序组，在每个操作名称后面显示该操作的信息，如刀轨是否生成、刀具名称、加工时间、几何体、加工方法等相关信息。工序导航器中的程序顺序视图界面如图 1-4 所示。

图 1-3　工序导航器的快捷菜单

名称	换刀	刀轨	刀具	刀具...	时间	几何体	方法	余量	底面余量
NC_PROGRAM					00:00:00				
未用项					00:00:00				
✓ PROGRAM					00:00:00				

图 1-4　工序导航器中的程序顺序视图界面

图 1-5　程序操作的快捷菜单

在该视图中，可以根据创建时间对设置中的所有操作进行分组，还可以更改、检查操作顺序。如果需要更改操作的顺序，那么只需要拖放相应的操作即可。在程序顺序视图中，任意右击一个工序，都会弹出图 1-5 所示的程序操作的快捷菜单。

可以通过编辑、剪切、复制、删除和重命名等操作来管理编程刀路，还可以创建工序、刀具、操作、几何体、程序组和方法等。

2．机床视图

机床视图用切削刀具组织各个操作，其中列出了对当前工件进行操作时使用的各种刀具，以及使用这些刀具的操作名称。机床视图中显示刀具是否实际用于 NC 程序的状态。若使用了某个刀具，则使用该刀具的操作将在该刀具下列出。

3．几何视图

几何视图以几何体为主线显示加工操作，其中列出了当前工件中存在的几何体和坐标系，以及使用这些几何体和坐标系的操作名称，根据几何体对部件中的所有操作进行分组。

4．加工方法视图

加工方法视图根据加工方法对操作进行分组，其中列出了当前工件的加工方法，以及使用这些加工方法的操作名称。

在 UG 操作中需要频繁地使用鼠标，表 1-1 列出了鼠标操作的功能。

表 1-1　鼠标操作的功能

鼠标操作	功能描述
单击	用于选择菜单命令或绘图区中的对象
右击	相当于当前对话框的默认按钮，多数情况下为确定
单击中键	显示快捷菜单
Shift+左键	在绘图区中可取消对已选择对象的选取，在列表框中选中连续区域的所有条目
Ctrl+左键	在列表框中选择多个条目

续表

鼠标操作	功能描述
按住并拖动中键	在绘图区中旋转对象
中键滚轮上下滚动	在绘图区中缩放对象
按住并拖动中键+右键或 Shift+中键	在绘图区中平移对象
按住并拖动左键+中键或 Ctrl+中键	在绘图区中缩放对象

快捷键的使用可以大大提高命令访问的速度和效率，表 1-2 列出了系统默认的常用快捷键。

表 1-2　系统默认的常用快捷键

键盘按键	功能描述	键盘按键	功能描述
F1	激活联机帮助	Ctrl+J	激活编辑对象显示（改颜色）
F2	重命名	Ctrl+M	进入建模模块
F3	对话框激活状态时，切换对话框的显示/隐藏	Ctrl+Alt+M	进入加工模块
F4	显示信息窗口	Ctrl+N	新建文件
F5	刷新视图	Ctrl+O	打开文件
F6	激活/退出区域缩放模式	Ctrl+T	激活移动对象
F7	激活或退出旋转模式	Ctrl+Shift+B	调到显示与隐藏
F8	调整视图与对象当前位置最接近的正交视图	Ctrl+Shift+K	从隐藏的对象中选择要显示的对象
Ctrl + H	视图截面选取	Ctrl+Z	撤回
Ctrl + L	进行图层设置	Ctrl+D	删除
Ctrl + W	显示和隐藏	Ctrl+S	保存
Ctrl + B	隐藏所选对象	Ctrl+Shift+U	全部显示
Ctrl + F	适合窗口显示	Esc	取消选择或退出当前命令

1.2.2　创建 NC 操作

1. 创建程序

创建程序主要用于排列各加工命令操作的次序，在工序流程操作较多的情况下，用程序组来管理加工程序。如果要对某个工件的所有操作进行后处理，那么可以直接选择这些操作所在的父节点组，系统就会按该操作在程序组中的排列顺序进行后处理。

选择【插入】→【程序】命令或单击插入工具栏中的 按钮，打开【创建程序】对话框，如图 1-6 所示。

图 1-6　【创建程序】对话框

在【类型】下拉列表中选择【mill_contour】选项，在【位置】选区的【程序】下拉列表中选择【NC_PROGRAM】选项，在【名称】文本框中输入程序名称 1，单击【确定】按钮，打开【程序】对话框，单击【确定】按钮，完成程序的创建。

【创建程序】对话框中【类型】下拉列表中各选项的说明如下。

（1）mill_planar：平面铣加工模板。

（2）mill_contour：轮廓铣加工模板。

（3）mill_multi_axis：多轴铣加工模板。

（4）mill_multi_blade：多轴铣叶片模板。

（5）mill_rotary：旋转铣削模板。

（6）drill：钻加工模板。

（7）hole_making：钻孔模板。

（8）turning：车加工模板。

（9）wire_edm：电火花线切割加工模板。

（10）probing：探测模板。

（11）solid_tool：整体刀具模板。

（12）machining_knowledge：加工知识模板。

2．创建几何体

创建几何体主要是定义要加工的几何对象（包括部件几何体、毛坯几何体、切削区域、检查几何体和修剪几何体）和指定工件几何体在数控机床上的机床坐标系（MCS），可以在创建程序之前定义，也可以在创建程序过程中指定。区别是提前定义的加工几何体可以为多个程序使用，而在创建程序过程中指定的加工几何体只能为该程序使用。

1）创建 MCS

MCS 即加工坐标系，是所有刀轨输出点坐标值的基准，刀轨中所有点的数据都是根据它生成的。在一个工件的加工工艺中，可能会创建多个 MCS，但在每个程序中只能选择一个，系统默认的 MCS 定位在绝对坐标系的位置。要尽可能地将参考坐标系（RCS）、MCS、绝对坐标系统一到同一位置。

步骤01：选择【插入】→【几何体】命令，打开【创建几何体】对话框，如图 1-7 所示。

【几何体子类型】选区中各选项的说明如下。

（1）：用于建立 MCS 和 RCS、设置安全距离和下限平面及避让参数等。

（2）：用于定义 WORKPIECE 工件几何体，包括部件几何体、毛坯几何体、检查几何体和部件的偏置，通常位于"MCS_MILL"父级组下，只关联"MCS_MILL"

图 1-7 【创建几何体】对话框

中指定的坐标系、安全平面、下限平面和避让参数等。

（3）：用于定义 MILL_AREA 切削区域几何体，包括部件、检查、切削区域、壁和修剪等，切削区域也可以在以后的操作对话框中指定。

（4）：用于定义 MILL_BND 边界几何体，包括部件边界、毛坯边界、检查边界、修剪边界和底平面几何体。在某些需要指定加工边界的操作，如表面区域铣削、3D 轮廓加工和清根切削等操作中会用到此按钮。

（5）：用于指定 MILL_TEXT 文字加工几何体，包括 planar_text 和 contour_text 程序中的雕刻文本。

（6）：用于定义 MILL_GEOM 铣削几何体，通过选择模型中的体、面、曲线和切削区域来定义，包括部件几何体、毛坯几何体、检查几何体，还可以定义工件的偏置、材料，以及储存当前的视图布局与层。

【位置】选区中的【几何体】下拉列表中各选项的说明如下。

（1）GEOMETRY：几何体中的最高节点，由系统自动产生。

（2）MCS_MILL：选择加工模板后系统自动生成，一般是工件几何体的父节点。

（3）NONE：未用项。当选择此选项时，表示没有任何要加工的对象。

（4）WORKPIECE：选择加工模板后在 MCS_MILL 下自动生成工件几何体。

步骤 02：在【几何体子类型】选区单击按钮，在【位置】选区的【几何体】下拉列表中选择【GEOMETRY】选项，在【名称】文本框中输入 C_MCS，单击【确定】按钮，打开图 1-8 所示的【MCS】对话框。

图 1-8　【MCS】对话框

【MCS】对话框中的主要选项如下。

（1）机床坐标系：即加工坐标系 MCS，是所有刀轨输出点坐标值的基准，刀轨中所有点的数据都是根据它生成的。加工坐标系采用右手直角笛卡儿坐标系，原点称为"对刀点"。大拇指的方向为 X 轴的正方向，食指为 Y 轴的正方向，中指为 Z 轴的正方向。定义加工坐标系的作用是定义几何体在数控机床上的加工方位，原点就是对刀点，创建的刀具路径以其为基准，3 个坐标轴分别是 XM、YM、ZM。在系统初始化进入加工环境时，加工坐标默认在绝对坐标系上。

（2）参考坐标系：勾选该选区中的【链接 RCS 与 MCS】复选框，指定当前 RCS 为 MCS，此时【指定 RCS】选项将不可用；取消勾选【链接 RCS 与 MCS】复选框，单击【CSYS 对话框】中的按钮，打开【CSYS】对话框，在其中可以设置 RCS 的参数。

步骤 03：单击【机床坐标系】选区中的按钮，打开【CSYS】对话框，如图 1-9 所示，在其中可以设置 MCS 的参数。在【类型】下拉列表中选择【动态】选项，绘图区中会出现图 1-10 所示的待创建的坐标系。

图 1-9　【CSYS】对话框

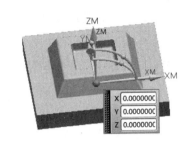

图 1-10　待创建的坐标系

可以通过移动原点球来确定坐标系原点位置，拖动圆弧边上的圆点可以分别绕相应轴旋转以调整角度，也可选择其中一种坐标系构造方法来建立新的加工坐标系。

单击【操控器】选区中的 按钮，打开图 1-11 所示的【点】对话框。

在【Z】文本框中输入数值 60，单击【确定】按钮，将 MCS 设在工件顶面的中心位置。返回【CSYS】对话框，单击【确定】按钮，完成 MCS 的创建，返回【MCS】对话框。

【安全设置】选区的【安全设置选项】下拉列表中提供了如下选项。

图 1-11　【点】对话框

（1）使用继承的：选择此选项，继承上一级的设置，单击【显示】按钮，显示继承的安全平面。

（2）无：表示不进行安全平面的设置。

（3）自动平面：可以在【安全距离】文本框中设置安全平面的距离。

（4）刨：单击此选区中的 按钮，在打开的【平面】对话框中设置安全平面。

步骤 04：在【MCS】对话框的【安全设置】选区，在【安全设置选项】下拉列表中选择【刨】选项，如图 1-12 所示。

选中工件的上表面，将距离的值改为 10，单击【确定】按钮。

2）创建几何体

部件几何体是加工后所保留的材料，即产品的 CAD 模型。在平面铣和型腔铣中，部件几何体表示工件加工后得到的形状，在固定轴铣和变轴铣中表示工件上要加工的轮廓表面，部件几何体和边界共同定义切削区域，可以选择实体、片体、面、表面区域等作为部件几何体。

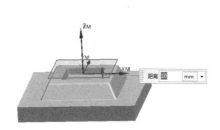

图 1-12　【刨】选项

选择【插入】→【几何体】命令，打开【创建几何体】对话框，如图 1-13 所示。在【几何体子类型】选区单击 🔲 按钮，在【位置】选区的【几何体】下拉列表中选择【C_MCS】选项，在【名称】文本框中输入 C_WORKPIECE，单击【确定】按钮，打开【工件】对话框，如图 1-14 所示。

图 1-13　【创建几何体】对话框　　　　　　图 1-14　【工件】对话框

步骤 01：在【几何体】选区单击 🔲 按钮，打开【部件几何体】对话框，在绘图区选取整个工件实体作为部件几何体。指定部件几何体如图 1-15 所示。

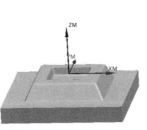

图 1-15　指定部件几何体

图 1-16 【毛坯几何体】对话框

在【部件几何体】对话框中可以定义加工完成后的几何体，即最终的工件。它可以控制刀具的切削深度和活动范围，可以通过设置选择过滤器来选择特征、几何体（实体、面、曲线）和小平面体来定义部件几何体。

单击【确定】按钮，返回【工件】对话框。

步骤 02：在【几何体】选区单击◈按钮，打开【毛坯几何体】对话框，如图 1-16 所示。

在【类型】下拉列表中选择【包容块】选项，以能包容住模型的最小立方体作为毛坯，可以通过调整【限制】选区中 X、Y、Z 的正负值来调整毛坯，如图 1-17 所示。

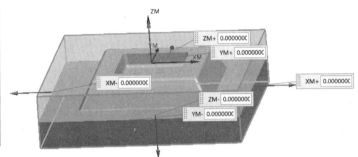

图 1-17 调整毛坯

毛坯几何体为加工前尚未被切除的材料，使用实体方式选择，其定义方法与加工几何体基本相同，【毛坯几何体】对话框的【类型】下拉列表中提供了多个选项，可以通过选择过滤器来选择特征、几何体（实体、面、曲线），以及偏置部件几何体来定义毛坯几何体。

单击【确定】按钮，返回【工件】对话框。

步骤 03：在【工件】对话框的【几何体】选项单击▱按钮，打开【检查几何体】对话框。在该对话框中可指定几何体的对象为检查几何体。此处无须设置，单击【确定】按钮，返回【工件】对话框。

检查几何体用于定义在加工过程中刀具要避开的几何体对象，防止刀具过切工件，可以定义为检查几何体的对象有工件侧壁、凸台、装夹工件的夹具等。

3. 创建刀具

刀具是从毛坯上去除材料的工具。数控加工刀具必须适应数控机床高速、高效和自动化程度高的特点，一般应包括通用刀具、通用连接刀柄及少量专用刀柄，刀柄要连接刀具并装在机床主轴上，因此已经逐渐标准系列化。

按刀具结构分为整体式、镶嵌式、采用链接或机夹式连接，其中机夹式又可分为不转位和可转位两种，此外还有特殊形式，如复合式刀具、减振式刀具等。

按制造刀具所用的材料分为高速钢刀具、硬质合金刀具、金刚石刀具，以及其他材料刀具，如立方氮化硼刀具、陶瓷刀具等。

按切削工艺分为车削刀具（外圆、内孔、螺纹、切割刀具等）、钻削刀具（钻头、铰刀、丝锥、镗削等）和铣削刀具等。

按刀具形状分为平底刀（端铣刀）、圆鼻刀和球刀，其中平底刀主要用于粗加工、平面精加工、外形精加工和清角加工，缺点是刀尖容易磨损，影响加工精度；圆鼻刀主要用于模胚的粗加工、材料平面精加工和侧面精加工，特别适用于材料硬度高的模具粗加工；球刀主要用于非平面的半精加工和精加工。

刀具的选择直接影响工件的加工质量、加工效率和加工成本。因此，根据工件的不同结构形状正确选择刀具有十分重要的意义。例如，在铣削加工中，常用的刀具有平底铣刀、球头铣刀等。在加工过程中，由于刀具的刃磨、测量和更换多为人工手动进行，占用辅助时间较长，因此，必须合理安排刀具的排列顺序。一般应注意以下几点：尽量减少刀具数量；一把刀具装夹后应完成其所能进行的所有加工步骤；粗、精加工的刀具应分开使用，即使是相同尺寸规格的刀具；先铣后钻；先曲面精加工，然后安排二维轮廓精加工。

刀具的创建可以在创建操作之前，也可以在创建操作时进行。前者可以在其他操作中应用，后者只能在本操作中应用。可以根据需要创建不同尺寸类型的刀具，也可以在刀库中选择已有的刀具。

选择【插入】→【刀具】命令，打开【创建刀具】对话框，如图 1-18 所示。

创建一把直径为 12mm 的平底刀，单击【刀具子类型】选区的 🔲 按钮，并在【名称】文本框中输入刀具名称为 D12，单击【确定】按钮，在打开的【铣刀-5 参数】对话框的【直径】文本框中输入 12，单击【确定】按钮，完成设置。

4．创建加工方法

工件加工时，为了保证其加工精度，需要经过粗加工、半精加工和精加工等多个步骤。创建加工方法为这几个步骤分别指定统一的公差、余量和进给量等。在工序导航器区域的空白处右击切换到加工方法视图，可双击查看或修改加工方法参数。工序导航器中的加工方法视图界面如图 1-19 所示。

系统默认给出 4 种加工方法，即粗加工（MILL_ROUGH）、半精加工（MILL_SEMI_FINISH）、精加工（MILL_FINISH）和钻孔（DRILL_METHOD）。可以使用这些默认的加工方法，也可以自己创建加工方法。

在加工方法导航器中双击对应的加工方法按钮，打开相应的对话框，可分别设置部件余量、公差、进给参数等。

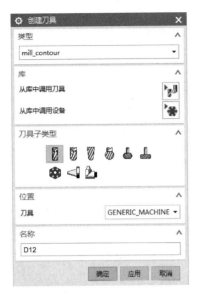

图 1-18　【创建刀具】对话框　　　　图 1-19　工序导航器中的加工方法视图界面

5. 创建工序

创建工序包括所有产生刀具路径的信息，如几何体、所用刀具、加工余量、进给量和切削深度等。

步骤01：选择【插入】→【工序】命令，打开【创建工序】对话框，如图 1-20 所示。在【类型】下拉列表中选择【mill_contour】选项，在【工序子类型】选区单击 按钮。在【程序】下拉列表中选择【1】选项，在【刀具】下拉列表中选择【D12（铣刀-5 参数）】选项，在【几何体】下拉列表中选择【C_WORKPIECE】选项，其他参数采用系统默认设置。

图 1-20　【创建工序】对话框

步骤02：单击【确定】按钮，打开图 1-21 所示的设置型腔铣参数对话框。

步骤03：单击【几何体】选区的 按钮，打开【切削区域】对话框，如图 1-22 所示。

图 1-21　设置型腔铣参数对话框

图 1-22　【切削区域】对话框

在绘图区框选整个工件或不指定切削区域，单击【确定】按钮，返回上个对话框。

步骤 04：单击【几何体】选区的 按钮，打开【修剪边界】对话框。在【选择方法】
下拉列表中选择【曲线】选项，在绘图区选中工件边界轮廓线，在【修剪侧】下拉列表中
选择【内部】选项，也就是裁剪掉所选边界内部的刀路。修剪边界设置如图 1-23 所示。

图 1-23　修剪边界设置

修剪边界用来裁剪部分刀具路径，以限制切削区域。修剪侧可以是所选区域的内部，也可以是外部。

单击【确定】按钮，返回上个对话框。

步骤05：设置工序子类型一般参数。

（1）选择切削方式。

在设置型腔铣参数对话框【刀轨设置】选区的【切削模式】下拉列表中提供了如下7种切削方式。

①跟随部件：根据整个部件几何体并通过偏置来产生刀轨。该切削方式根据整个部件中的几何体生成并偏移刀轨。它可以根据部件的外轮廓，或者岛屿和型腔的外围环生成刀轨，所以无须进行"岛清理"的设置。另外，该切削方式无须指定步距的方向，一般，型腔的步距方向总是向外的，岛屿的步距方向总是向内的。此切削方式也十分适合带有岛屿和内腔工件的粗加工，当工件只有外轮廓这一条边界几何时，它和跟随周边切削方式是一样的，一般优先选择该切削方式进行加工。

②跟随周边：沿切削区域的外轮廓生成刀轨，并通过偏移该刀轨形成一系列的同心刀轨，这些刀轨都是封闭的。当内部偏移的形状重叠时，这些刀轨将被合并成一条轨迹，并通过重新偏移产生下一条轨迹。和往复切削方式一样，它也能在步距运动间连续地进刀，因此效率较高。设置参数时需要设定步距的方向是向内（外部进刀，步距指向中心）还是向外（中间进刀，步距指向外部）。此切削方式常用于带有岛屿和内腔工件的粗加工，如模具的型芯和型腔等。

③轮廓：用于创建一条或者几条指定数量的刀轨来完成工件侧壁或外形轮廓的加工，生成刀轨的方式和跟随部件切削方式相似，主要以精加工或半精加工为主。

④摆线：刀具会以圆形回环模式运动，生成的刀轨是一系列相交且外部相连的圆环，像一个拉开的弹簧。它控制了刀具的切入，限制了步距，以免在切削时因刀具完全切入受冲击过大而断裂。选择此切削方式，需要设置步距（刀轨中相邻两圆环的圆心距）和摆线的路径宽度（刀轨中圆环的直径）。此切削方式比较适合部件中的狭窄区域、岛屿和部件、两岛屿之间区域的加工。

⑤单向：刀具在切削轨迹的起点进刀，切削到切削轨迹的终点。抬刀至转换平面高度，平移到下一行轨迹的起点，刀具开始以同样的方向进行下一行切削。切削轨迹始终维持一个方向的顺铣或者逆铣切削，在连续两行平行刀轨间没有沿轮廓的切削运动，从而会影响切削效率。此切削方式常用于岛屿的精加工和无法运用往复切削方式加工的场合，如一些陡壁的筋板。

⑥往复：指刀具在同一切削层内不抬刀，在步距宽度的范围内沿着切削区域的轮廓维持连续往复的切削运动。该切削方式生成的是多条平行直线刀轨，与连续两行平行刀轨的切削方式相反，但步进方向相同，所以在加工中会交替出现顺铣切削和逆铣切削。在加工策略中指定顺铣或逆铣不会影响此切削方式，但会影响其中的"壁清根"切削方

向。用这种切削方式进行加工时刀具在步进时始终保持进刀状态，能最大化地对材料进行切除。因此它是最经济和高效的切削方式，通常用于型腔的粗加工。

⑦单向轮廓：与单向切削方式类似，但是在进刀时先将刀进到前一行刀轨的起始点位置，沿轮廓切削到当前行的起点进行当前行的切削。切削到端点时仍然沿轮廓切削到前一行的端点。先抬刀转移平面，再返回到起始边当前行的起点进行下一行的切削。此切削方式比较平稳，对刀具冲击很小，常用于粗加工后对要求余量均匀的工件进行精加工，如一些对侧壁要求较高的工件和薄壁工件等。

这里选择跟随周边切削方式。

（2）设置步距。

步距是两个切削路径之间的水平间隔距离，而在环形切削方式中指的是两个环之间的距离。设置步距的方式如下。

①恒定：选择该方式后，需要定义切削刀路间的固定距离。如果指定的刀路间距不能平均分割所在区域，那么系统将减小这一刀路间距以保持恒定步距。

②残余高度：选择该方式后，需要定义两个刀路间剩余材料的高度，从而在连续切削刀路间确定固定距离。

③刀具平直百分比：选择该方式后，需要定义刀具直径的百分比，从而在连续切削刀路之间建立起固定距离。

④多个：选择该方式后，可以设定几个不同步距大小的刀路数以提高加工效率。

在【步距】下拉列表中选择【刀具平直百分比】选项。

（3）设置平面直径百分比。

当在【步距】下拉列表中选择【刀具平直百分比】选项时，【平面直径百分比】文本框可用，用于定义切削刀路之间的距离。

在【平面直径百分比】文本框中输入 65。

（4）设置公共每刀切削深度。

用于定义每一层切削的公共深度。

在【公共每刀切削深度】下拉列表中选择【恒定】选项，将【最大距离】的值改为 1。

步骤 06：单击设置型腔铣参数对话框【刀轨设置】选区的 按钮，打开【切削参数】对话框，如图 1-24 所示。打开【策略】选项卡，在【切削】选区的【切削顺序】下拉列表中选择【深度优先】选项，在【刀路方向】下拉列表中选择【向内】选项。

打开【余量】选项卡，在【部件侧面余量】文本框中输入 0.1，在【公差】选区的【内公差】文本框和【外公差】文本框中输入 0.03，其他参数采用系统默认设置，单击【确

图 1-24　【切削参数】对话框

定】按钮，返回上个对话框。

（1）切削顺序：深度优先是指刀具在先铣削一个外形边界设定的铣削深度后，再进行下一个外形边界的铣削。此加工方式的抬刀次数和转换次数较少，在切削过程中只有一次抬刀就转换到另一切削区域。选择该切削顺序可大幅提高工件的加工效率，但该种加工方式的切削力不均衡。层优先是指刀具先在一个深度上铣削所有的边界和区域后再进行下一个深度的铣削，在切削过程中刀具在各个切削区域不断转换。刀具走空刀的时间长，加工效率低。

图 1-25 【非切削移动】对话框

（2）余量：部件侧面余量用于设置在粗加工或半精加工时留出一定部件侧面余量做最后的精加工用；部件底面余量用来设置工件底面和岛屿顶面剩余的材料余量；毛坯余量用来设置在切削时刀具离开毛坯几何体的距离，主要应用于有着相切情形的毛坯边界；检查余量用于设置在刀具切削过程中，刀具与已定义的检查边界之间的最小距离；修剪余量用于设置在刀具切削过程中，刀具与已定义的修剪边界之间的最小距离。

（3）公差：定义刀具偏离实际工件的允许范围，包括内公差和外公差。若公差越小，则切削精度越高，从而产生的轮廓就越光顺，但需要花费更多的计算时间和加工时间，生产效率也会相应降低。内公差设置刀具切入工件时的最大偏距；外公差则设置刀具切出工件时的最大偏距，也称为"切出公差"。

步骤07：单击设置型腔铣参数对话框中【刀轨设置】选区的按钮，打开【非切削移动】对话框，如图1-25所示。

打开【非切削移动】对话框中的【进刀】选项卡，在【封闭区域】选区的【进刀类型】下拉列表中选择【螺旋】选项；打开【转移/快速】选项卡，在【区域内】选区的【转移类型】下拉列表中选择【前一平面】选项，单击【确定】按钮，返回上个对话框。

系统提供了非常完善的进刀和退刀的控制方式，在 3 轴加工中针对封闭区域提供了"螺旋进刀""沿形状斜进刀""插削进刀"的方式；针对开放区域提供了"线性进刀""圆弧进刀""点进刀""沿矢量进刀""角度-角度平面进刀""矢量平面进刀"等方式。退刀方式可以选择与进刀方式相同。在此介绍常用的几种进刀方式。

（1）螺旋进刀。

该方式能够实现在比较狭小的槽腔内进行进刀，进刀占用的空间不大，且进刀的效果比较好，适合粗加工和精加工过程。螺旋进刀主要由 5 个参数来控制，包括直径、斜角、高度、最小安全距离和最小倾斜长度。

（2）沿形状斜进刀。

当工件沿某个切削方向比较长时可以采用沿形状斜进刀的方式。这种进刀方式比较适合粗加工，并且主要由 5 个参数来控制，包括斜角、高度、最大宽度、最小安全距离和最小倾斜长度。

（3）插削进刀。

当工件封闭面积较小不能使用螺旋进刀和沿形状斜进刀时，可采用插削进刀。这种进刀方式需要严格控制进刀的进给速度，否则容易使刀具折断。该方式主要由高度参数来控制插铣的深度。

（4）线性进刀。

该方式适合于开放区域，由 5 个参数来控制，包括长度、旋转角度、斜角、高度和最小安全距离。

（5）圆弧进刀。

该方式适合于开放区域，可以创建一个圆弧的运动与工件加工的切削起点相切，提高进刀处的切削表面质量。圆弧进刀方式由 4 个参数来控制，包括半径、圆弧角度、高度和最小安全距离。

步骤 08：单击设置型腔铣参数对话框中【刀轨设置】选区的  按钮，打开【进给率和速度】对话框，如图 1-26 所示。

在【主轴速度】选区中，勾选【主轴速度】复选框，在其后的文本框中输入 3500。在【进给率】选区，将【切削】的值改为 2000，单击【主轴速度】后的 按钮计算表面速度和每齿进给量。

单击【确定】按钮，返回上个对话框。

【进给率和速度】对话框中的选项说明如下。

（1）表面速度：刀具在旋转切削时与工件的相对运动速度，与机床的主轴速度和刀具直径相关。

（2）每齿进给量：刀具每个切削齿切除材料量的度量。

（3）主轴速度：主轴转速。有 3 种单位：rpm（以每分钟转数为单位创建主轴速度）、sfm（以每分钟曲面英尺为单位创建主轴速度）和 smm（以每分钟曲面米为单位创建主轴速度）。

（4）切削：设置切削过程中的进给量，即正常进

图 1-26　【进给率和速度】对话框

给时的速度。

（5）输出：用于设置快速运动时的速度，即刀具从开始到下一个前进点的移动速度，其输出有"G0-快速模式"和"G1-进给模式"两种选项。

（6）【更多】选区中各选项的说明如下。

①逼近：用于设置刀具接近时的速度，即刀具从起刀点到进刀点的进给速度。在多层切削加工中控制刀具从一个切削层到下一个切削层的移动速度。默认为"快速"模式，可通过其下拉列表选择无、mmpm（毫米/分钟）、mmpr（毫米/转）、快速、切削百分比等模式。

②进刀：用于设置刀具从进刀点到初始切削点时的进给率。

③第一刀切削：用于设置第一刀切削时的进给率。

④步进：用于设置刀具进入下一个平行刀轨切削时的横向进给速度，即铣削宽度，多用于往复切削方式。

⑤移刀：用于设置刀具从一个切削区域跨越到另一个切削区域时做水平非切削移动时刀具的移动速度。移刀时刀具先抬刀至安全平面，然后横向移动，以免发生碰撞。

⑥退刀：用于设置退刀时刀具切出部件的速度，即刀具从最终切削点到退刀点之间的速度。

⑦离开：设置离开时的进给率，即刀具退出加工部位到返回点的移动速度。在钻孔加工和车削加工中刀具由里向外退出时和加工表面有很小的接触，因此速度会影响加工表面的表面粗糙度。

（7）【单位】选区可完成如下操作。

①设置非切削单位：单击 按钮，可将所有的非切削进给率单位设置为无、mmpm（毫米/分钟）、mmpr（毫米/转）或切削百分比等类型。

②设置切削单位：单击 按钮，可将所有的切削进给率单位设置为无、mmpm（毫米/分钟）、mmpr（毫米/转）或切削百分比等类型。

1.2.3 生成刀轨并仿真

刀轨是指在绘图区中显示已生成的刀具路径。刀轨仿真对创建的刀具轨迹进行检验以查看加工结果是否满意或对其进行进一步优化，并进行刀轨仿真检验查看加工结果是否正确。

1. 生成刀轨

在设置型腔铣参数对话框的【操作】选区单击 按钮，在绘图区中生成图 1-27 所示的刀轨。

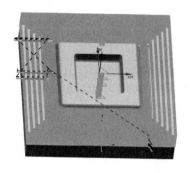

图 1-27　刀轨

2. 仿真模拟刀具路径

单击  按钮,打开图 1-28 所示的【刀轨可视化】
对话框。

刀具路径模拟有 3 种方式:重播、3D 动态和 2D
动态。进行刀轨可视化操作时可根据需要设置过切
和碰撞检查功能,在刀轨仿真过程中可及时发现问
题,便于及时修改刀轨。在【重播】选项卡中单击【过
切和碰撞设置】按钮,打开【过切和碰撞设置】对话
框。勾选【过切检查】复选框和【检查刀具和夹持器】
复选框,将会在进行刀轨仿真过程中同时进行过切
检查。在【3D 动态】选项卡和【2D 动态】选项卡中
勾选【IPW 碰撞检查】复选框和【检查刀具和夹持
器】复选框,还可选择【碰撞设置】选项,在打开的
【碰撞设置】对话框中,勾选【碰撞时暂停】复选框,
这样在发生碰撞时将暂停仿真操作。

1)重播

该方式只显示二维路径。通过刀具路径模拟中的重
播可以完全控制刀具路径的显示,即可查看程序所对应
的加工位置,以及各个刀位点的相应程序。

图 1-28　【刀轨可视化】对话框

对话框上部的刀具路径列表框列出了当前操作所
包含的刀具路径命令语句。若选择某一行命令语句,则
在绘图区中显示对应的刀具位置;反之,若在绘图区中用鼠标选取任何一个刀位点,则

刀具自动在所选位置显示，并且在刀具路径列表框中高亮显示相应的命令语句行。重播播放效果如图 1-29 所示。

2）3D 动态

打开【3D 动态】选项卡，若单击下面的【播放】按钮，则在绘图区中动态显示刀具切除工件材料的过程。此方式以三维实体方式仿真刀具的切削过程，非常直观，并且播放时允许用户在绘图区中通过放大、缩小、旋转、移动等功能显示细节部分。3D 动态播放效果如图 1-30 所示。

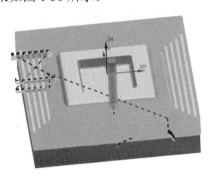 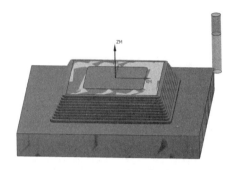

图 1-29　重播播放效果　　　　　　　　图 1-30　3D 动态播放效果

3）2D 动态

打开【2D 动态】选项卡，若单击下面的【播放】按钮，则在绘图区中显示刀具切除运动过程。此方式采用固定视角模式，播放时不支持图形的缩放和旋转。2D 动态播放效果如图 1-31 所示。

图 1-31　2D 动态播放效果

1.2.4　后处理

软件生成的刀轨不能被数控机床读取和使用，必须要进行后处理，即将刀轨以规定的标准化格式转换成机床可识读和使用的数控代码（NC 代码），以控制数控机床加工工件。

NC 文件是由 G、M 代码所组成并用于实际机床上加工的程序文件，也是直接用于实际生产的程序文件。

步骤 01：将加工导航器转换到【程序视图】，右击程序 1 下的 CAVITY_MILL，弹出快捷菜单，选择【后处理】命令，打开【后处理】对话框，如图 1-32 所示。

图 1-32　【后处理】对话框

步骤 02：选中需要的后处理器，单击【确定】按钮，弹出【信息】窗口，如图 1-33 所示。

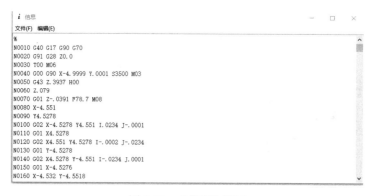

图 1-33　【信息】窗口

系统在当前模型所在的文件夹中自动生成一个名为"tutai"的加工代码文件，关闭【信息】窗口，选择【文件】→【保存】命令保存文件。

第2章
叶轮的自动编程与综合加工

【内容】

本章通过叶轮的加工实例，运用 UG 加工模块的型腔铣、面铣、深度轮廓加工命令综合编程，说明较简单工件的数控加工工序安排及其参数设置方法。

【实例】

叶轮的自动编程与综合加工。

【目的】

通过实例讲解，使读者了解较简单工件的多工序加工工序安排及其参数设置方法。

2.1 实例导入

叶轮模型如图 2-1 所示。

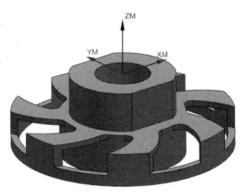

图 2-1　叶轮模型

依据工件的特征，通过型腔铣、深度轮廓加工、面铣综合加工对其进行相应的操作。本例要求使用综合加工方法对工件各表面的尺寸、形状、表面粗糙度等参数进行加工。

2.2　工艺分析

本例是一个叶轮的编程实例，材料选用 100mm×100mm×40mm 的 7075 型铝块作为加工毛坯，使用平口虎钳装夹时毛坯一定要预留出 31mm 以上的高度（预防刀具铣到平口虎钳）。加工先用【使用边界面铣削】铣出一个光整的平面方便后续刀具的 Z 轴方向对刀（后续刀具 Z 轴方向可采用滚刀方式对刀，避免破坏工件表面），并在调头装夹时可作为底面基准。然后用【型腔铣】粗加工，去除大量材料。用【使用边界面铣削】和【深度轮廓加工】进行精加工，使尺寸达到要求并提高加工精度。调头装夹时充分利用加工后留下的基准面，对刀时 Z 轴对最底面垫块处，或可采用滚刀的方式，调头装夹后采用【使用边界面铣削】去除毛坯正面加工时用于装夹的部分，并采用【使用边界面铣削】进行一道精加工工序。表面精加工后再利用【型腔铣】去除大量叶轮内部多余的材料。最后采用【使用边界面铣削】和【深度轮廓加工】进行精加工使尺寸达到要求并提高加工精度。加工工艺方案制定如表 2-1 所表。

表 2-1　加工工艺方案制定

工序号	加工内容	加工方式	侧面/底面余量	机床	刀具	夹具
1	铣平面 （作为工件基准）	面铣	0mm	铣床	D10 铣刀	平口虎钳
2	上表面粗加工	型腔铣	0.2mm	铣床	D10 铣刀	平口虎钳
3	底平面精加工	面铣	0mm	铣床	D10 铣刀	平口虎钳
4	侧壁精加工	深度轮廓加工	0mm	铣床	D10 铣刀	平口虎钳
5	孔精加工	深度轮廓加工	0mm	铣床	D10 铣刀	平口虎钳
6	小平面精加工	面铣	0.2mm	铣床	D6 铣刀	平口虎钳
7	内侧壁精加工	型腔铣	0mm	铣床	D6 铣刀	平口虎钳
8	外侧壁精加工	深度轮廓加工	0mm	铣床	D10 铣刀	平口虎钳
9	调头装夹					平口虎钳
10	去余量	面铣	0mm	铣床	D16 铣刀	平口虎钳
11	铣平面	面铣	0mm	铣床	D10 铣刀	平口虎钳
12	下表面粗加工	型腔铣	0mm	铣床	D10 铣刀	平口虎钳
13	底面精加工	面铣	0mm	铣床	D10 铣刀	平口虎钳
14	底面侧壁精加工	面铣	0mm	铣床	D10 铣刀	平口虎钳

2.3　自动编程

2.3.1　铣平面（作为工件基准）

步骤 01：导入工件。单击 📂 按钮，打开【打开】对话框，选择资料包中的 yelun.stp 文件，单击【OK】按钮。进入建模环境，打开【文件】菜单，选择【首选项】命令下的【用户界面】，打开【用户界面首选项】对话框，单击左侧的【布局】，选择【用户界面环境】下的【经典工具条】,单击【确定】按钮。为创建方块,选择【启动】→【建模】命令,在【命令查找器】中输入"创建方块",打开【命令查找器】对话框。单击 🔳 按钮,打开【创建方块】对话框,如图 2-2 所示。在绘图区框选工件,并将间隙设置为 0。单击 🔲 按钮(或选择【插入】→【同步建模】→【偏置区域】命令),进入对话框后选中方块四个侧面, 偏置距离设置为 10mm (此处注意偏置方向),将其偏置到接近100mm×100mm×30mm 的一个方块。选择【直线】命令(或选择【插入】→【曲线】→【直线】命令),画出对角线,如图 2-3 所示。

说明:创建方块的主要目的是建立相对应的工件毛坯,此步骤建议在建模状态中完成;画出对角线主要是便于实际加工中对刀,以方便找到毛坯的中心。

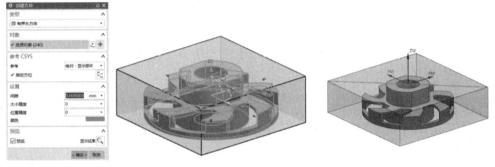

图 2-2 【创建方块】对话框   图 2-3 对角线

步骤 02:选择【启动】→【加工】命令进入加工模块,进行 CAM 设置,如图 2-4 所示。

图 2-4 CAM 设置

选择【mill_planar】选项,单击【确定】按钮,进入加工环境。

步骤 03:单击界面左侧资源条中的 🔧 按钮,打开【工序导航器】对话框,选择【工序导航器】→【几何视图】命令,打开工序导航器中的几何视图界面,如图 2-5 所示。

工序导航器 - 几何					□
名称	刀轨	刀具	时间	余量	切削
GEOMETRY			00:00:00		
未用项			00:00:00		
＋　MCS_MILL			00:00:00		

图 2-5　工序导航器中的几何视图界面

步骤 04：双击 MCS_MILL ，打开【MCS 铣削】对话框。单击【机床坐标系】选区的 按钮，打开【CSYS】对话框。在【操控器】选区单击 按钮，打开【点】对话框。在【类型】下拉列表中选择【控制点】选项，单击直线，即可完成 UG 加工坐标系的定义，如图 2-6 所示。

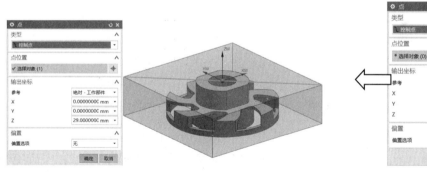

图 2-6　UG 加工坐标系的定义

单击【确定】按钮。

步骤 05：创建几何体。在工序导航器中左击 MCS_MILL 前的 "＋" 号，展开坐标系父节点。双击其下的 WORKPIECE，打开【工件】对话框，如图 2-7 所示。单击 按钮，打开【部件几何体】对话框，在绘图区选择叶轮模型作为部件几何体。

步骤 06：创建毛坯几何体。单击【确定】按钮，返回【工件】对话框，单击 按钮，打开【毛坯几何体】对话框。在【类型】下拉列表中选择【几何体】选项，并指定为所创建的方块。【毛坯几何体】对话框中的参数设置如图 2-8 所示。

  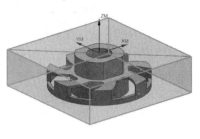

图 2-7　【工件】对话框　　　　　　图 2-8　【毛坯几何体】对话框中的参数设置

步骤 07：创建刀具。选择【刀具】→【创建刀具】命令，打开【创建刀具】对话框，如图 2-9 所示。默认的【刀具子类型】为铣刀，在【名称】文本框中输入 D10。单击【应用】按钮，打开【铣刀-5 参数】对话框，如图 2-10 所示，在【直径】文本框中输入 10。

 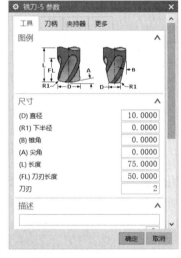

图 2-9　【创建刀具】对话框　　　　　图 2-10　【铣刀-5 参数】对话框

这样就创建了一把直径为 10 的铣刀，同样的方法创建 D16、D6 的铣刀。

说明：在本书中，以字母"D"开头为铣刀，字母"B"开头为球头铣刀，后面数字表示刀具直径。

步骤 08：创建面铣工序。右击 MCS_MILL WORKPIECE，弹出快捷菜单，选择【插入】→【工序】命令，打开【创建工序】对话框，如图 2-11 所示。在【类型】下拉列表中选择【mill_planar】选项，在【工序子类型】选区单击按钮，单击【确定】按钮，打开设置面铣参数对话框，如图 2-12 所示。并设置【切削模式】和【平面直径百分比】。

步骤 09：指定毛坯边界。在设置面铣参数对话框的【几何体】选区单击按钮，打开【毛坯边界】对话框，如图 2-13 所示，毛坯边界选择方块上表面，如图 2-14 所示。

图 2-11　【创建工序】对话框

图 2-12　设置面铣参数对话框

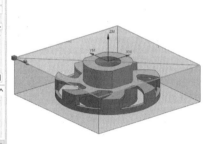

图 2-13　【毛坯边界】对话框

图 2-14　选择方块上表面

单击【确定】按钮，返回上个对话框。

步骤 10：设定进给率和主轴速度。单击 按钮，打开【进给率和速度】对话框，如图 2-15 所示。勾选【主轴速度】复选框，在其后的文本框中输入 7000。在【进给率】选区，将【切削】的值改为 2000，单击【主轴速度】后的 按钮进行自动计算。

单击【确定】按钮，返回上个对话框。

说明：在实际加工中，可以合理设定【主轴速度】和【进给率】。

步骤 11：生成刀轨。单击 按钮，系统计算出铣平面（作为工件基准）的刀轨，如图 2-16 所示。

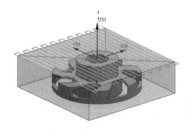

图 2-15　【进给率和速度】对话框

图 2-16　铣平面（作为工件基准）的刀轨

2.3.2 上表面粗加工

步骤 01：创建型腔铣工序。右击 ^{MCS_MILL WORKPIECE}，弹出快捷菜单，选择【插入】→【工序】命令，打开【创建工序】对话框，如图 2-17 所示。在【类型】下拉列表中选择【mill_contour】选项，在【工序子类型】选区单击 [⛏]按钮，单击【确定】按钮，打开设置型腔铣参数对话框，如图 2-18 所示。在【切削模式】下拉列表中选择【跟随周边】选项，在【平面直径百分比】文本框中输入 65，并将每一刀的切削深度【最大距离】的值改为 1。

图 2-17　【创建工序】对话框　　　　图 2-18　设置型腔铣参数对话框

步骤 02：设定切削层。单击 [▤]按钮，打开【切削层】对话框，如图 2-19 所示。在【范围类型】下拉列表中选择【单个】选项，选取叶轮模型底面，并将【范围深度】的值改为 30（总切削深度）。

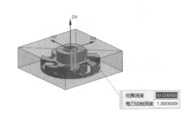

图 2-19　【切削层】对话框

单击【确定】按钮，返回上个对话框。

步骤 03：设定切削策略。单击 [▥]按钮，打开【切削参数】对话框。在【策略】选项卡的【切削顺序】下拉列表中选择【深度优先】选项，在【刀路方向】下拉列表中选择【向内】选项，勾选【岛清根】复选框，在【壁清理】下拉列表中选择【无】选项，如

图 2-20 所示。

步骤 04：设定切削余量。在【余量】选项卡中，勾选【使底面余量与侧面余量一致】复选框，在【部件侧面余量】文本框中输入 0.2。在【内公差】文本框和【外公差】文本框中输入 0.03，如图 2-21 所示。

步骤 05：设定切削拐角。在【拐角】选项卡中的【光顺】下拉列表中选择【所有刀路】选项，将【半径】的值改为 1，如图 2-22 所示。

图 2-20　设定切削策略

图 2-21　设定切削余量

图 2-22　设定切削拐角

单击【确定】按钮，返回上个对话框。

步骤 06：设定进刀参数。单击 按钮，打开【非切削移动】对话框，进刀的参数如图 2-23 所示。在【转移/快速】选项卡中，转移/快速的参数设置如图 2-24 所示。在【退刀】选项卡的【退刀类型】下拉列表中选择【抬刀】选项，将【高度】的值改为 1，如图 2-25 所示。

图 2-23　进刀的参数设置

图 2-24　转移/快速的参数设置

图 2-25　退刀的参数设置

在【起点/钻点】选项卡中，起点/钻点的参数设置如图 2-26 所示。

单击【确定】按钮，返回上个对话框。

说明：如果刀路无法生成，那么多数情况下是因为【进刀】选项卡中的【最小斜面长度】需要修改为较小值或 0。

步骤 07：设定进给率和主轴速度。单击 按钮，打开【进给率和速度】对话框，如图 2-27 所示。勾选【主轴速度】复选框，在其后的文本框中输入 3500。在【进给率】选区，将【切削】的值改为 2500，单击【主轴速度】后的 按钮进行自动计算。

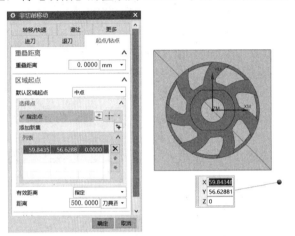

图 2-26　起点/钻点的参数设置　　　　图 2-27　【进给率和速度】对话框

单击【确定】按钮，返回上个对话框。

步骤 08：生成刀轨。单击 按钮，系统计算出上表面粗加工的刀轨，如图 2-28 所示。

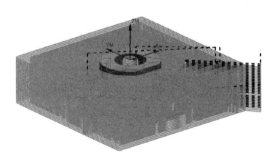

图 2-28　上表面粗加工的刀轨

2.3.3　底平面精加工

步骤 01：创建面铣工序，直接右击几何视图中的 FACE_MILLING，选择【复制】命令，右击 MCS_MILL WORKPIECE，弹出快捷菜单，选择【内部粘贴】命令。复制面铣工序如图 2-29 所示。双击粘贴的工序，在设置面铣参数对话框（见图 2-30）的【切削模式】下拉列表中选择【跟随部件】选项，在【平面直径百分比】文本框中输入 50。

图 2-29　复制面铣工序　　　　　图 2-30　设置面铣参数对话框

步骤 02：指定毛坯边界。单击 ⊗ 按钮，打开【毛坯边界】对话框。在绘图区中，选择已有边界轮廓线上的绿色点，单击【列表】右侧的下拉箭头，单击 ✕ 按钮，移除已有的毛坯边界，如图 2-31 所示。重新选择毛坯边界如图 2-32 所示。在绘图区指定图 2-32 所示的切削面。

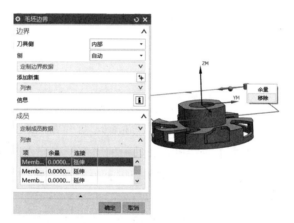

图 2-31　移除已有的毛坯边界

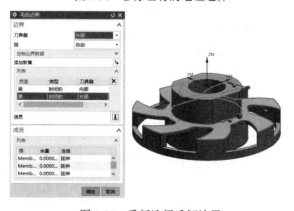

图 2-32　重新选择毛坯边界

单击【确定】按钮，返回上个对话框。

说明：在选取切削面时要注意刀具侧的"内部"与"外部"，只有对封闭的空间，系统才会计算出刀路；可以使用 Ctrl+B 快捷键将方块隐藏，以便于选择工件的相应对象。

步骤03：修改切削参数。单击 ⊞ 按钮，打开【切削参数】对话框。在【策略】选项卡的【简化形状】下拉列表中选择【凸包】选项，如图 2-33 所示。在【余量】选项卡的【部件余量】文本框中输入 0.2，在【内公差】文本框和【外公差】文本框中输入 0.01，如图 2-34 所示。

图 2-33　设定切削策略

图 2-34　设定切削余量

单击【确定】按钮，返回上个对话框。

步骤04：设定进给率和主轴速度。单击 🐾 按钮，打开【进给率和速度】对话框，如图 2-35 所示。勾选【主轴速度】复选框，在其后的文本框中输入 7000。在【进给率】选区，将【切削】的值改为 1000，单击【主轴速度】后的 按钮进行自动计算。

单击【确定】按钮，返回上个对话框。

步骤05：生成刀轨。单击 按钮，系统计算出底平面精加工的刀轨，如图 2-36 所示。

图 2-35　【进给率和速度】对话框

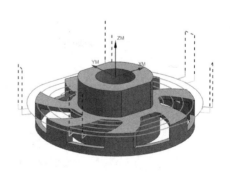

图 2-36　底平面精加工的刀轨

2.3.4　侧壁精加工

使用深度轮廓加工工序去除上一把刀留下的加工余量。

步骤 01：创建深度轮廓加工工序。右击 MCS_MILL WORKPIECE　　，弹出快捷菜单，选择【插入】→【工序】命令，打开【创建工序】对话框，如图 2-37 所示。在【类型】下拉列表中选择【mill_contour】选项，在【工序子类型】选区单击　按钮，单击【确定】按钮，打开设置深度轮廓参数对话框，如图 2-38 所示。

图 2-37　【创建工序】对话框

图 2-38　设置深度轮廓参数对话框

步骤 02：指定切削面。单击　按钮，打开【切削区域】对话框，如图 2-39 所示。在绘图区指定图 2-39 所示的切削面。

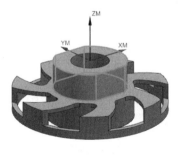

图 2-39　【切削区域】对话框

单击【确定】按钮，返回上个对话框。

步骤 03：设置每刀的公共深度。将【最大距离】的值改为 0，其他参数设置如 2-38 所示。

步骤 04：设定进刀参数。单击　按钮，打开【非切削移动】对话框。打开【起点/钻点】选项卡，如图 2-40 所示，将【重叠距离】的值改为 2，将指定点选择为端点。

图 2-40 【起点/钻点】选项卡

单击【确定】按钮，返回上个对话框。

步骤 05：设定进给率和主轴速度。单击 按钮，打开【进给率和速度】对话框，如图 2-41 所示。勾选【主轴速度】复选框，在其后的文本框中输入 7000。在【进给率】选区，将【切削】的值改为 500，单击【主轴速度】后的 按钮进行自动计算。

单击【确定】按钮，返回上个对话框。

步骤 06：生成刀轨。单击 按钮，系统计算出侧壁精加工的刀轨，如图 2-42 所示。

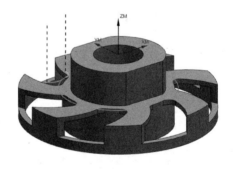

图 2-41 【进给率和速度】对话框   图 2-42 侧壁精加工的刀轨

2.3.5 孔精加工

使用深度轮廓加工工序去除上一把刀留下的加工余量。

步骤 01：创建深度轮廓加工工序，直接右击几何视图中的 ZLEVEL_PROFILE，弹出快捷菜单，选择【复制】命令。复制工序如图 2-43 所示。右击 MCS_MILL WORKPIECE，弹出快捷菜单，选择【内部粘贴】命令，如图 2-44 所示。

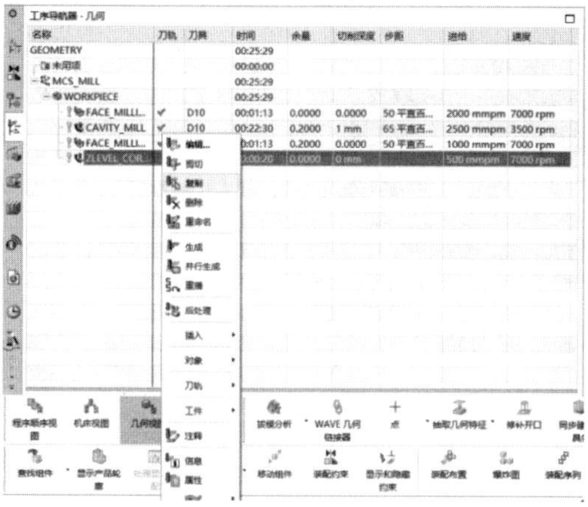

图 2-43　复制工序 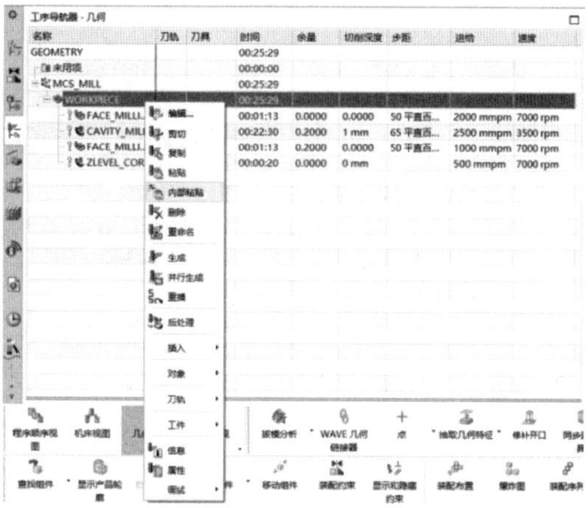　　　　　　　　　　　　　图 2-44　【内部粘贴】命令

步骤 02：双击粘贴的程序，弹出对话框，单击 按钮，打开【切削区域】对话框，如图 2-45 所示。按住 Shift 键并单击已经选中的面，将已经选择的面取消选中或直接单击对话框中的×按钮。选中内表面侧壁，在绘图区指定图 2-45 所示的切削面。

图 2-45　【切削区域】对话框

步骤 03：设置每刀的公共深度。将【最大距离】的值改为 0，其他参数设置不变。

步骤 04：单击 按钮，打开【非切削移动】对话框。打开【进刀】选项卡，如图 2-46 所示，将【直径】的值改为 20，在【斜坡角】文本框中输入 2，将【高度】的值改为 1，将【最小斜面长度】的值改为 0。

步骤 05：生成刀轨。单击 按钮，系统计算出孔精加工的刀轨，如图 2-47 所示。

图 2-46　【进刀】选项卡

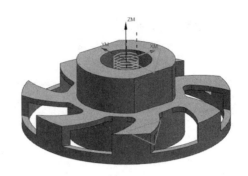

图 2-47　孔精加工的刀轨

2.3.6　小平面精加工

步骤 01：创建面铣工序。右击 MCS WORKPIECE，弹出快捷菜单，选择【插入】→【工序】命令，打开【创建工序】对话框，如图 2-48 所示，选用 D6 的铣刀。在【类型】下拉列表中选择【mill_planar】选项，在【工序子类型】选区单击 按钮，单击【确定】按钮，打开设置面铣参数对话框，如图 2-49 所示。在【切削模式】下拉列表中选择【跟随周边】选项，在【平面直径百分比】文本框中输入 50。

图 2-48　【创建工序】对话框

图 2-49　设置面铣参数对话框

步骤 02：指定毛坯边界。单击 按钮，打开【毛坯边界】对话框，如图 2-50 所示。先选取小平面，单击 按钮后再选取下一个面，以此往复总共选取 7 个面。毛坯边界选择如图 2-51 所示。

单击【确定】按钮，返回上个对话框。

说明：在选取切削面时要注意刀具侧的"内部"与"外部"，只有对封闭的空间，系统才会计算出刀路。

图 2-50 【毛坯边界】对话框

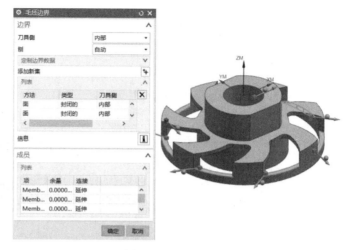

图 2-51 毛坯边界选择

步骤 03：单击 按钮，打开【切削参数】对话框。在【策略】选项卡的【刀路方向】下拉列表中选【向内】选项，勾选【岛清根】复选框，如图 2-52 所示。在【余量】选项卡的【部件余量】文本框中输入 0.2，在【内公差】文本框和【外公差】文本框中输入 0.01，如图 2-53 所示。

图 2-52 设定切削策略

图 2-53 设定切削余量

单击【确定】按钮，返回上个对话框。

步骤 04：设定进给率和主轴速度。单击 按钮，打开【进给率和速度】对话框，如图 2-54 所示。勾选【主轴速度】复选框，在其后的文本框中输入 7000。在【进给率】选区，将【切削】的值改为 500，单击【主轴速度】后的 按钮进行自动计算。

单击【确定】按钮，返回上个对话框。

步骤 05：生成刀轨。单击 按钮，系统计算出小平面精加工的刀轨，如图 2-55 所示。

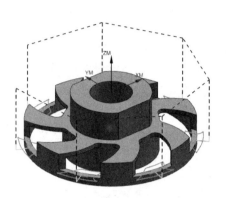

图 2-54 【进给率和速度】对话框 　　　图 2-55 小平面精加工的刀轨

2.3.7 内侧壁精加工

步骤 01：创建型腔铣工序。右击 MCS_MILL WORKPIECE ，弹出快捷菜单，选择【插入】→【工序】命令，打开【创建工序】对话框，如图 2-56 所示。在【类型】下拉列表中选择【mill_contour】选项，在【工序子类型】选区单击 按钮，单击【确定】按钮，打开设置型腔铣参数对话框，如图 2-57 所示。在【切削模式】下拉列表中选择【轮廓】选项，在【平面直径百分比】文本框中输入 50，并将每一刀的切削深度【最大距离】的值改为 0。

图 2-56 【创建工序】对话框 　　　图 2-57 设置型腔铣参数对话框

步骤 02：指定修剪边界。单击 按钮，将【选择方法】改为曲线，并选取孔的周长。单击【确定】按钮，返回上个对话框。

说明：修剪侧为"内部"。

步骤 03：单击 按钮，打开【切削层】对话框，如图 2-58 所示。在【范围类型】下拉列表中选择【用户定义】选项，并指定顶面与底面。

图 2-58　【切削层】对话框

单击【确定】按钮，返回上个对话框。

说明：在选取底面时要将原有的选择对象删除。

步骤 04：设定切削余量。单击 按钮，打开【切削参数】对话框。在【余量】选项卡（见图 2-59）的【内公差】文本框和【外公差】文本框中输入 0.01。

单击【确定】按钮，返回上个对话框。

步骤 05：设定进刀参数。单击 按钮，打开【非切削移动】对话框。在【进刀】选项卡的【开放区域】选区，在【进刀类型】下拉列表中选择【圆弧】选项。切换至【起点/钻点】选项卡，如图 2-60 所示，将【重叠距离】的值改为 2。

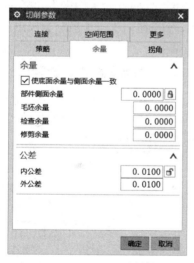

图 2-59　【余量】选项卡

图 2-60　【起点/钻点】选项卡

单击【确定】按钮，返回上个对话框。

说明：在精加工状态下，"进刀"可以选择非螺旋的方式。

步骤 06：设定进给率和主轴速度。单击 按钮，打开【进给率和速度】对话框，如

图 2-61 所示。勾选【主轴速度】复选框，在其后的文本框中输入 7000。在【进给率】选区，将【切削】的值改为 500，单击【主轴速度】后的 ⚡ 按钮进行自动计算。

单击【确定】按钮，返回上个对话框。

步骤 07：生成刀轨。单击 ▶ 按钮，系统计算出内侧壁精加工的刀轨，如图 2-62 所示。

图 2-61 【进给率和速度】对话框

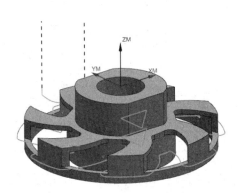

图 2-62 内侧壁精加工的刀轨

2.3.8 外侧壁精加工

使用深度轮廓加工工序去除上一把刀留下的加工余量。

步骤 01：创建深度轮廓加工工序。右击 ⌖ MCS_MILL／⑧ WORKPIECE，弹出快捷菜单，选择【插入】→【工序】命令，打开【创建工序】对话框，如图 2-63 所示。在【类型】下拉列表中选择【mill_contour】选项，在【工序子类型】选区单击 ▣ 按钮，单击【确定】按钮，打开设置深度轮廓加工参数对话框，如图 2-64 所示。

图 2-63 【创建工序】对话框

图 2-64 设置深度轮廓加工参数对话框

步骤 02：指定切削面。单击 ◎ 按钮，打开【切削区域】对话框，如图 2-65 所示。在绘图区指定图 2-65 所示的切削面。

图 2-65　【切削区域】对话框

单击【确定】按钮，返回上个对话框。

步骤 03：设置每刀的公共深度。将【最大距离】的值改为 0，其他参数设置如 2-64 所示。

步骤 04：设定进刀参数。单击 ◎ 按钮，打开【非切削移动】对话框，如图 2-66 所示。在【起点/钻点】选项卡中，将【重叠距离】的值改为 2。

单击【确定】按钮，返回上个对话框。

步骤 05：设定进给率和主轴速度。单击 ◎ 按钮，打开【进给率和速度】对话框，如图 2-67 所示。勾选【主轴速度】复选框，在其后的文本框中输入 7000。在【进给率】选区，将【切削】的值改为 500，单击【主轴速度】后的 ◎ 按钮进行自动计算。

图 2-66　【非切削移动】对话框

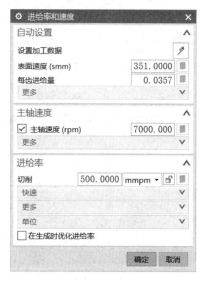

图 2-67　【进给率和速度】对话框

单击【确定】按钮，返回上个对话框。

步骤 06：生成刀轨。单击 ◎ 按钮，系统计算出外侧壁精加工的刀轨，如图 2-68 所示。

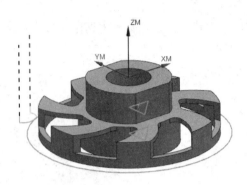

图 2-68   外侧壁精加工的刀轨

2.3.9   调头装夹

步骤 01：右击 ，弹出快捷菜单，选择【插入】→【几何体】命令，打开【创建几何体】对话框，单击【确定】按钮，打开【MCS】对话框。单击 按钮，打开【CSYS】对话框，双击 Z 轴上的箭头使其反向。反面加工坐标系的定义如图 2-69 所示。

图 2-69   反面加工坐标系的定义

单击【确定】按钮。

步骤 02：在几何视图中右击 ，弹出快捷菜单，选择【插入】→【几何体】命令，打开【创建几何体】对话框，如图 2-70 所示。在【几何体子类型】选区单击 按钮，单击【确定】按钮。工序导航器中的几何视图界面如图 2-71 所示。

图 2-70　【创建几何体】对话框　　　　图 2-71　工序导航器中的几何视图界面

2.3.10　去余量

步骤 01：创建面铣工序。右击 MCS WORKPIECE，弹出快捷菜单，选择【插入】→【工序】命令，打开【创建工序】对话框，如图 2-72 所示，选用 D16 铣刀。在【类型】下拉列表中选择【mill_planar】选项，在【工序子类型】选区单击 按钮，单击【确定】按钮，打开设置面铣参数对话框，如图 2-73 所示。在【切削模式】下拉列表中选择【跟随周边】选项，在【步距】下拉列表中选择【恒定】选项，将【最大距离】的值改为 1，在【最终底面余量】文本框中输入 0.2。

图 2-72　【创建工序】对话框　　　　图 2-73　设置面铣参数对话框

步骤 02：指定毛坯边界。单击 按钮，打开【毛坯边界】对话框，如图 2-74 所示。毛坯边界选择方块下表面，如图 2-75 所示。

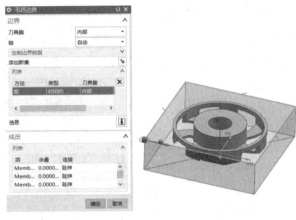

图 2-74 【毛坯边界】对话框   图 2-75 选择方块下表面

单击【确定】按钮，返回上个对话框。

说明：如果要调出原先创建的方块，那么可以使用 Ctrl+Shift+U 快捷键显示被隐藏的方块。

步骤 03：单击▦按钮，打开【切削参数】对话框。在【策略】选项卡（见图 2-76）的【刀路方向】下拉列表中选择【向内】选项，勾选【岛清根】复选框。在【余量】选项卡的【毛坯余量】文本框中输入 3，在【最终底面余量】文本框中输入 0.2。

单击【确定】按钮，返回上个对话框。

步骤 04：设定进给率和主轴速度。单击⬚按钮，打开【进给率和速度】对话框，如图 2-78 所示。勾选【主轴速度】复选框，在其后的文本框中输入 4000。在【进给率】选区，将【切削】的值改为 2000，单击【主轴速度】后的⬚按钮进行自动计算。

单击【确定】按钮，返回上个对话框。

步骤 05：生成刀轨。单击⬚按钮，系统计算出去余量的刀轨，如图 2-79 所示。

图 2-76 【策略】选项卡   图 2-77 【余量】选项卡

图 2-78　【进给率和速度】对话框

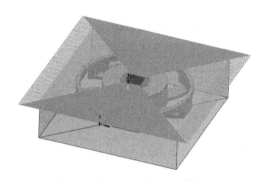

图 2-79　去余量的刀轨

2.3.11　铣平面

步骤 01：创建面铣工序。右击 🗀MCS 🗀WORKPIECE，弹出快捷菜单，选择【插入】→【工序】命令，打开【创建工序】对话框，如图 2-80 所示。在【类型】下拉列表中选择【mill_planar】选项，在【工序子类型】选区单击 📇 按钮，单击【确定】按钮，打开设置面铣参数对话框，如图 2-81 所示。在【切削模式】下拉列表中选择【单向】选项，在【平面直径百分比】文本框中输入 50。

图 2-80　【创建工序】对话框

图 2-81　设置面铣参数对话框

步骤 02：指定毛坯边界。单击 🏵 按钮，打开【毛坯边界】对话框，如图 2-82 所示。毛坯边界选择方块下表面，如图 2-83 所示。

图 2-82　【毛坯边界】对话框　　　　　　　图 2-83　选择方块下表面

单击【确定】按钮，返回上个对话框。

步骤 03：设定进给率和主轴速度。单击 按钮，打开【进给率和速度】对话框，如图 2-84 所示。勾选【主轴速度】复选框，在其后的文本框中输入 7000。在【进给率】选区，将【切削】的值改为 2000，单击【主轴速度】后的 按钮进行自动计算。

单击【确定】按钮，返回上个对话框。

步骤 04：生成刀轨。单击 按钮，系统计算出铣平面的刀轨，如图 2-85 所示。

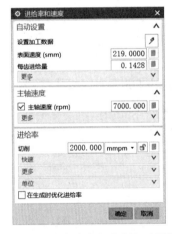
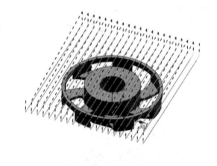

图 2-84　【进给率和速度】对话框　　　　　图 2-85　铣平面的刀轨

2.3.12　下表面粗加工

步骤 01：创建型腔铣工序。右击 ，弹出快捷菜单，选择【插入】→【工序】命令，打开【创建工序】对话框，如图 2-86 所示。在【类型】下拉列表中选择【mill_contour】选项，在【工序子类型】选区单击 按钮，单击【确定】按钮，打开设置型腔铣参数对话框，如图 2-87 所示。在【切削模式】下拉列表中选择【跟随周边】选项，在【平面直径百分比】文本框中输入 65，并将每一刀的切削深度【最大距离】

的值改为 1。

图 2-86　【创建工序】对话框

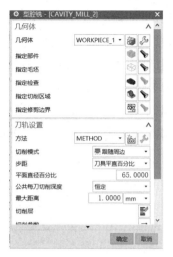

图 2-87　设置型腔铣参数对话框

步骤 02：指定切削面。单击 ▨ 按钮，打开【切削区域】对话框，如图 2-88 所示。在绘图区指定图 2-88 所示的切削面。

单击【确定】按钮，返回上个对话框。

步骤 03：设定切削层。单击 ▨ 按钮，打开【切削层】对话框，如图 2-89 所示。在【范围类型】下拉列表中选择【用户定义】选项，并指定顶面与底面。

图 2-88　【切削区域】对话框

图 2-89　【切削层】对话框

单击【确定】按钮，返回上个对话框。

步骤 04：设定切削策略。单击 ▨ 按钮，打开【切削参数】对话框。打开【策略】选项卡，如图 2-90 所示，在【切削顺序】下拉列表中选择【层优先】选项，在【刀路方向】下拉列表中选择【向外】选项，勾选【岛清根】复选框，并在【壁清理】下拉列表中选择【无】选项。

步骤 05：设定切削余量。打开【余量】选项卡，如图 2-91 所示，勾选【使底面余量与侧面余量一致】复选框，在【部件侧面余量】文本框中输入 0.2，在【内公差】文本框和【外公差】文本框中输入 0.03。

步骤 06：设定切削拐角。打开【拐角】选项卡，如图 2-92 所示，在【光顺】下拉列表中选择【所有刀路】选项，将【半径】的值改为 1。

单击【确定】按钮，返回上个对话框。

步骤 07：设定进刀参数。单击▦按钮，打开【非切削移动】对话框。进刀、转移/快速的参数设置如图 2-93 和图 2-94 所示。打开【退刀】选项卡，如图 2-95 所示。在【退刀类型】下拉列表中选择【抬刀】选项，将【高度】的值改为 1。

图 2-90　【策略】选项卡　　图 2-91　【余量】选项卡　　图 2-92　【拐角】选项卡

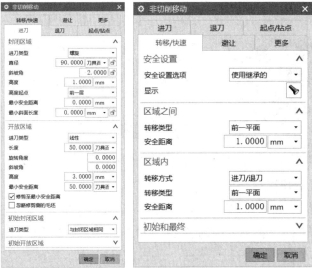

图 2-93　进刀的参数设置　　图 2-94　转移/快速的参数设置　　图 2-95　【退刀】选项卡

单击【确定】按钮，返回上个对话框。

步骤 08：设定进给率和主轴速度。单击▦按钮，打开【进给率和速度】对话框，如图 2-96 所示。勾选【主轴速度】复选框，在其后的文本框中输入 3500。在【进给率】选区，将【切削】的值改为 2500，单击【主轴速度】后的 按钮进行自动计算。

单击【确定】按钮，返回上个对话框。

步骤 09：生成刀轨。单击 按钮，系统计算出下表面粗加工的刀轨，如图 2-97 所示。

图 2-96　【进给率和速度】对话框

图 2-97　下表面粗加工的刀轨

2.3.13　底面精加工

步骤 01：创建面铣工序。右击 ，弹出快捷菜单，选择【插入】→【工序】命令，打开【创建工序】对话框，如图 2-98 所示。在【类型】下拉列表中选择【mill_planar】选项，在【工序子类型】选区单击 按钮，单击【确定】按钮，打开设置面铣参数对话框，如图 2-99 所示。在【切削模式】下拉列表中选择【跟随周边】选项，在【平面直径百分比】文本框中输入 50。

图 2-98　【创建工序】对话框

图 2-99　设置面铣参数对话框

步骤 02：指定毛坯边界。单击 按钮，打开【毛坯边界】对话框，如图 2-100 所示。

在【选择方法】下拉列表中选择【曲线】选项。毛坯边界选择工件底面内侧、外侧的曲线（注意曲线的内部与外部），如图 2-101 所示。

图 2-100　【毛坯边界】对话框　　　　　　　图 2-101　毛坯边界选择

单击【确定】按钮，返回上个对话框。

说明：在选取切削面时要注意刀具侧的"内部"与"外部"，只有对封闭的空间，系统才会计算出刀路。

步骤 03：设定切削参数。单击 ▦ 按钮，打开【切削参数】对话框。打开【策略】选项卡，如图 2-102 所示，在【刀路方向】下拉列表中选择【向内】选项，勾选【岛清根】复选框。打开【余量】选项卡，如图 2-103 所示，在【内公差】文本框和【外公差】文本框中输入 0.01。

图 2-102　【策略】选项卡　　　　　　　图 2-103　【余量】选项卡

单击【确定】按钮，返回上个对话框。

步骤 04：设定进给率和主轴速度。单击 ⚑ 按钮，打开【进给率和速度】对话框，如

图 2-104 所示。勾选【主轴速度】复选框，在其后的文本框中输入 7000。在【进给率】选区，将【切削】的值改为 500，单击【主轴速度】后的 按钮进行自动计算。

单击【确定】按钮，返回上个对话框。

步骤 05：生成刀轨。单击 按钮，系统计算出底面精加工的刀轨，如图 2-105 所示。

图 2-104　【进给率和速度】对话框

图 2-105　底面精加工的刀轨

2.3.14　底面侧壁精加工

步骤 01：创建面铣工序。右击 MCS WORKPIECE...，弹出快捷菜单，选择【插入】→【工序】命令，打开【创建工序】对话框，如图 2-106 所示。在【类型】下拉列表中选择【mill_planar】选项，在【工序子类型】选区单击 按钮，单击【确定】按钮，打开设置面铣参数对话框，如图 2-107 所示。在【切削模式】下拉列表中选择【跟随部件】选项，在【平面直径百分比】文本框中输入 50。

图 2-106　【创建工序】对话框

图 2-107　设置面铣参数对话框

步骤02：指定毛坯边界。单击按钮，打开【毛坯边界】对话框，如图 2-108 所示。在【选择方法】下拉列表中选择【面】选项。先选择工件内底面，单击按钮后再选取下一个面，以此往复总共选取 7 个面。毛坯边界选择如图 2-109 所示。

图 2-108　【毛坯边界】对话框　　　　　　图 2-109　毛坯边界选择

单击【确定】按钮，返回上个对话框。

说明：在选取切削面时要注意刀具侧的"内部"与"外部"，只有对封闭的空间，系统才会计算出刀路。

步骤03：设定切削参数。单击按钮，打开【切削参数】对话框。打开【余量】选项卡，如图 2-110 所示，在【内公差】文本框和【外公差】文本框中输入 0.01。

图 2-110　【余量】选项卡

单击【确定】按钮，返回上个对话框。

步骤04：设定进给率和主轴速度。单击按钮，打开【进给率和速度】对话框，如图 2-111 所示。勾选【主轴转速】复选框，在其后的文本框中输入 7000。在【进给率】

选区，将【切削】的值改为 500，单击【主轴速度】后的▯按钮进行自动计算。

单击【确定】按钮，返回上个对话框。

步骤 05：生成刀轨。单击▸按钮，系统计算出底面侧壁精加工的刀轨，如图 2-112 所示。

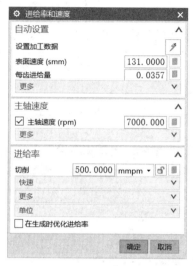

图 2-111　【进给率和速度】对话框

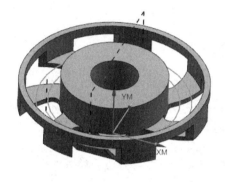

图 2-112　底面侧壁精加工的刀轨

第 3 章

轴套的自动编程与综合加工

【内容】

本章通过轴套的加工实例，运用 UG 加工模块的型腔铣、使用边界面铣削、深度轮廓加工、底壁加工命令综合编程，说明较简单工件的数控加工工序安排及其参数设置方法。

【实例】

轴套的自动编程与综合加工。

【目的】

通过实例讲解，使读者熟悉和掌握较简单工件的多工序加工方法及其参数设置方法。

3.1 实例导入

轴套模型如图 3-1 所示。

图 3-1 轴套模型

依据工件的特征，通过使用边界面铣削、型腔铣、深度轮廓加工、底壁加工综合加工对其进行相应的操作。本例要求使用综合加工方法对工件的各表面的尺寸、形状、表面粗糙度等参数按要求加工。

3.2 工艺分析

本例是一个轴套的编程实例，材料选用 80mm×80mm×40mm 的 7075 型铝块作为加工毛坯，采用的加工命令有：使用边界面铣削、型腔铣、底壁加工和深度轮廓加工。首先用【使用边界面铣削】铣出一个光整的平面作为工件上表面的基准平面，刀具 Z 轴方向以此平面作为基准，并在调头装夹时作为底面基准。然后用【型腔铣】粗加工，去除多余的毛坯余量，并用【底壁加工】和【深度轮廓加工】进行精加工，使尺寸达到要求并提高加工精度，调头装夹后使用【使用边界面铣削】去除毛坯上表面加工时用于装夹的底平面，用【型腔铣】进行粗加工，去除毛坯多余的毛坯余量。最后用【底壁加工】和【深度轮廓加工】进行工件下表面精加工，使尺寸达到要求并提高加工精度。加工工艺方案制定如表 3-1 所示。

表 3-1　加工工艺方案制定

工序号	加工内容	加工方式	余量侧面/底面	机床	刀具	夹具
1	铣平面（作为工件基准）	使用边界面铣削	0mm	铣床	D10 铣刀	平口虎钳
2	上表面粗加工	型腔铣	0.1mm	铣床	D10 铣刀	平口虎钳
3	侧壁精加工	深度轮廓加工	0mm	铣床	D10 铣刀	平口虎钳
4	底壁精加工	底壁加工	0.2mm/0	铣床	D10 铣刀	平口虎钳
5	直径 ϕ68 的圆外壁精加工	深度轮廓加工	0mm	铣床	D10 铣刀	平口虎钳
6	直径 ϕ54 的圆底壁精加工	型腔铣	0.2mm	铣床	D10 铣刀	平口虎钳
7	直径 ϕ54 的圆孔内壁精加工	深度轮廓加工	0mm	铣床	D10 铣刀	平口虎钳
8	直径 ϕ16 圆的圆柱外壁精加工	深度轮廓加工	0mm	铣床	D10 铣刀	平口虎钳
9	直径 ϕ16 圆的圆柱上表面精加工	底壁加工	0mm	铣床	D10 铣刀	平口虎钳
10	直径 ϕ10 的孔粗加工	型腔铣	0.1mm	铣床	D8 铣刀	平口虎钳
11	直径 ϕ10 的孔内壁精加工	深度轮廓加工	0mm	铣床	D8 铣刀	平口虎钳
12	调头装夹					平口虎钳
13	去余量	使用边界面铣削	0mm	铣床	D10 铣刀	平口虎钳
14	三叶轮粗加工	型腔铣	0.1/0.1mm	铣床	D10 铣刀	平口虎钳
15	三叶轮底壁精加工	底壁加工	0.2mm/0	铣床	D10 铣刀	平口虎钳
16	三叶轮侧壁精加工	深度轮廓加工	0mm	铣床	D10 铣刀	平口虎钳

3.3　自动编程

3.3.1　铣平面（作为工件基准）

步骤 01：导入工件。单击 📂 按钮，打开【打开】对话框，选择资料包中的 zhoutao.stp 文件，单击【OK】按钮，导入轴套模型。打开【文件】菜单，选择【首选项】命令下的【用户界面】，打开【用户界面首选项】对话框。单击左侧的【布局】，选择【用户界面环境】下的【经典工具条】，单击【确定】按钮。创建方块：选择【启动】→【建模】命令，在【命令查找器】中输入"创建方块"，打开【命令查找器】对话框。单击 🔲 按钮，打开【创建方块】对话框，如图 3-2 所示。在绘图区框选工件，并在【设置】选区，将【间隙】的值改为 0。选择【插入】→【同步建模】→【偏置区域】命令，或单击 按钮，打开【偏置区域】对话框，分别选择方块的四周侧面作为偏置对象，并将【偏置】的【距离】改为 8 和 5（此处注意偏置方向），将其偏置到接近 80mm×80mm×38mm 的一个方块。选择【直线】命令（或选择【插入】→【曲线】→【直线】命令）画出对角线，如图 3-3 所示。

说明：创建方块的主要目的是建立相对应的工件毛坯，此步骤建议在建模状态中完成；画出对角线主要是便于实际加工中对刀，以方便找到毛坯的中心。

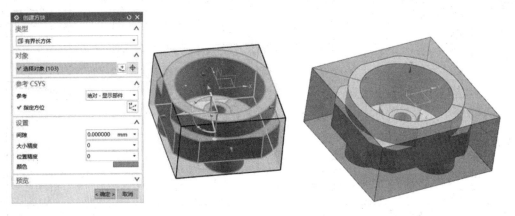

图 3-2 【创建方块】对话框   图 3-3 对角线

步骤 02：选择【启动】→【加工】命令进入加工模块，打开 CAM 设置，如图 3-4 所示。选择【mill_planar】选项，单击【确定】按钮，进入加工环境。

步骤 03：单击界面左侧资源条中的 按钮，打开【工序导航器】对话框，选择【工序导航器】→【几何视图】命令，打开工序导航器中的几何视图界面，如图 3-5 所示。

图 3-4 CAM 设置   图 3-5 工序导航器中的几何视图界面

步骤 04：创建机床坐标系。双击 MCS_MILL ，打开【MCS】对话框。单击【机床坐标系】选区的 按钮，打开【CSYS 对话框】。单击【操控器】选区的 按钮，打开【点】对话框。在【类型】下拉列表中选择【控制点】选项，选取绘图区中的对角线，单击【确定】按钮，此时系统返回【CSYS】对话框，单击【确定】按钮，此时系统返回【MCS】对话框，完成图 3-6 所示的机床坐标系的创建。

步骤 05：设置安全高度。在【MCS】对话框中，选择【安全设置】区域，在【安全设置选项】下拉列表中选择【刨】选项，选取方块上表面，将【安全距离】的值改为 10。单击【MCS】对话框中的【确定】按钮，完成图 3-7 所示的安全平面的创建。

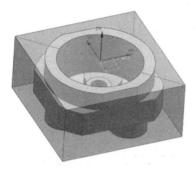

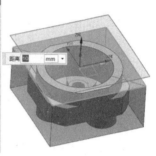

图 3-6　机床坐标系的创建　　　　图 3-7　安全平面的创建

步骤 06：创建几何体。在工序导航器中单击 MCS_MILL 前的"＋"号，展开坐标系负节点，双击其下的 WORKPIECE，打开【工件】对话框，如图 3-8 所示。单击 按钮，打开【部件几何体】对话框，在绘图区选择轴套模型作为部件几何体。

步骤 07：创建毛坯几何体。单击【确定】按钮，返回【工件】对话框。单击 按钮，打开【毛坯几何体】对话框，如图 3-9 所示。在【类型】下拉列表中选择【包容块】选项，限制参数如图 3-9 所示。

图 3-8　【工件】对话框　　　　图 3-9　【毛坯几何体】对话框

说明：选择部件几何体时不要把方块选中，可按 Ctrl+B 快捷键将其隐藏。

步骤 08：创建刀具。选择【刀具】→【创建刀具】命令，打开【创建刀具】对话框，默认的【刀具子类型】为铣刀，在【名称】文本框中输入 D10，单击【应用】按钮，打开【铣刀-5 参数】对话框，在【直径】文本框中输入 10，单击【确定】按钮。输入直径如图 3-10 所示，同样的方法创建 D8 铣刀。工序导航器中的机床视图界面如图 3-11 所示。

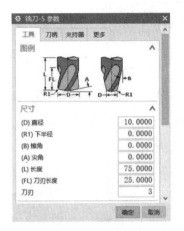

图 3-10　输入直径

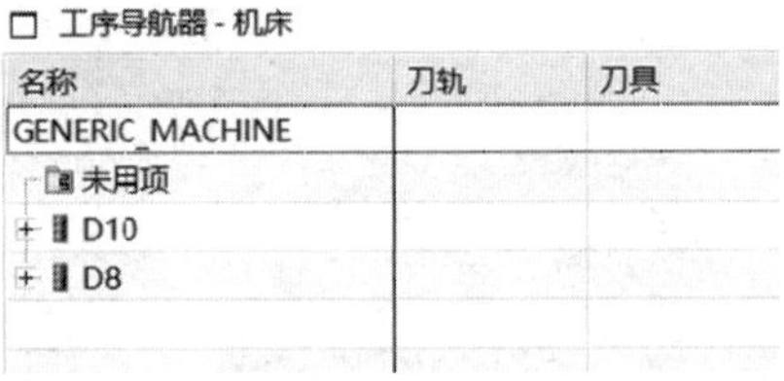

图 3-11　工序导航器中的机床视图界面

步骤 09：创建面铣工序。右击 MCS_MILL WORKPIECE，弹出快捷菜单，选择【插入】→【工序】命令，打开【创建工序】对话框，如图 3-12 所示。在【类型】下拉列表中选择【mill_planar】选项，在【工序子类型】选区单击 按钮，在【位置】选区的【刀具】下拉列表中选择【D10（铣刀-5 参数）】选项，单击【确定】按钮，打开设置面铣参数对话框，如图 3-13 所示。

图 3-12　【创建工序】对话框

图 3-13　设置面铣参数对话框

在【切削模式】下拉列表中选择【往复】选项，在【平面直径百分比】文本框中输入 65。

步骤 10：指定毛坯边界。在设置面铣参数对话框的【几何体】选区单击 按钮，打开【毛坯边界】对话框，如图 3-14 所示。毛坯边界选择方块上表面，如图 3-15 所示。

单击【确定】按钮，返回上个对话框。

步骤 11：设定进给率和主轴速度。单击 按钮，打开【进给率和速度】对话框。勾选【主轴速度】复选框，在其后的文本框中输入 4500。在【进给率】选区，将【切削】的值改为 2000，单击【主轴速度】后的 按钮进行自动计算，如图 3-16 所示。

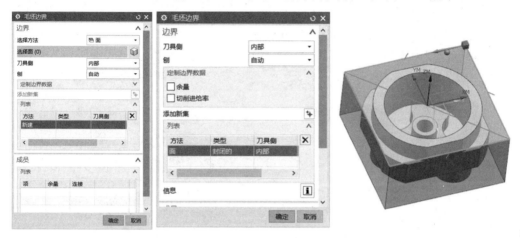

图 3-14　【毛坯边界】对话框　　　　　　　　　图 3-15　选择方块上表面

单击【确定】按钮，返回上个对话框。

说明：在输入主轴速度和切削数值时，按 Enter 键确定；在实际加工中，可以合理设定主轴速度和进给率。

步骤 12：生成刀轨。单击 按钮，系统计算出铣平面（作为工件基准）的刀轨，如图 3-17 所示。

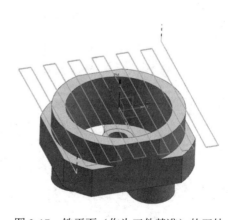

图 3-16　进给率和速度的参数设置　　　　　　图 3-17　铣平面（作为工件基准）的刀轨

3.3.2 上表面粗加工

步骤 01：创建型腔铣工序。右击  弹出快捷菜单，选择【插入】→【工序】命令，打开【创建工序】对话框，如图 3-18 所示。在【类型】下拉列表中选择【mill_contour】选项，在【工序子类型】选区单击 按钮，在【位置】选区的【刀具】下拉列表中选择【D10（铣刀-5 参数）】选项，单击【确定】按钮，打开设置型腔铣参数对话框，如图 3-19 所示。

图 3-18 【创建工序】对话框　　　图 3-19 设置型腔铣参数对话框

在【切削模式】下拉列表中选择【跟随周边】选项，在【平面直径百分比】文本框中输入 65，并将每一刀的切削深度【最大距离】的值改为 0.5。

步骤 02：设定切削层。单击 按钮，打开【切削层】对话框，在【范围类型】下拉列表中选择【用户定义】选项，将【范围深度】改为 28.5（总切削深度），如图 3-20 所示。

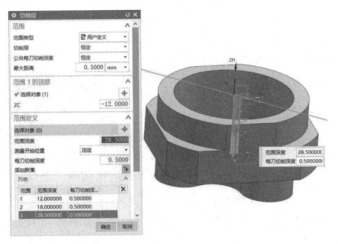

图 3-20 设定切削层

单击【确定】按钮，返回上个对话框。

60

步骤 03：设定切削策略。单击█按钮，打开【切削参数】对话框。在【策略】选项卡的【切削顺序】下拉列表中选择【深度优先】选项，在【刀路方向】下拉列表中选择【向内】选项，勾选【岛清根】复选框，在【壁清理】下拉列表中选择【无】选项，如图 3-21 所示。

步骤 04：设定切削余量。在【余量】选项卡中，勾选【使底面余量与侧面余量一致】复选框，在【部件侧面余量】文本框中输入 0.1，在【毛坯余量】文本框中输入 5，如图 3-22 所示。

单击【确定】按钮，返回上个对话框。

步骤 05：设定进刀参数。单击█按钮，打开【非切削移动】对话框。进刀、转移/快速的参数设置如图 3-23 和图 3-24 所示。

图 3-21　设定切削策略

图 3-22　设定切削余量

图 3-23　进刀的参数设置

图 3-24　转移/快速的参数设置

打开【起点/钻点】选项卡，单击【指定点】后的➕按钮，按 F8 键将工件摆正，在工件外部的 Y 正向自行取点。起点/钻点的参数设置如图 3-25 所示。

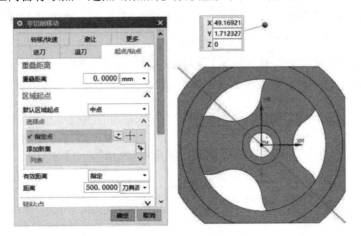

图 3-25　起点/钻点的参数设置

单击【确定】按钮，返回上个对话框。

步骤 06：设定进给率和主轴速度。单击⬛按钮，打开图 3-26 所示的【进给率和速度】对话框。勾选【主轴速度】复选框，在其后的文本框中输入 4500。在【进给率】选区，将【切削】的值改为 2500，单击【主轴速度】后的⬛按钮进行自动计算。

单击【确定】按钮，返回上个对话框。

步骤 07：生成刀轨。单击▶按钮，系统计算出上表面粗加工的刀轨，如图 3-27 所示。

图 3-26　【进给率和速度】对话框

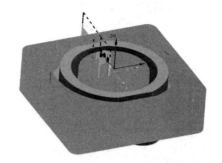

图 3-27　上表面粗加工的刀轨

3.3.3　侧壁精加工

步骤 01：创建深度轮廓加工工序。右击 MCS_MILL WORKPIECE，弹出快捷菜单，选择【插入】→【工序】命令，打开【创建工序】对话框，如图 3-28 所示。在【类型】下拉列表中选择

【mill_contour】选项，在【工序子类型】选区单击  按钮，在【位置】选区的【刀具】下
拉列表中选择【D10（铣刀-5 参数）】选项，单击【确定】按钮，打开设置深度轮廓加工
参数对话框，如图 3-29 所示。将每一刀的切削深度【最大距离】的值改为 0。

图 3-28 【创建工序】对话框

图 3-29 设置深度轮廓加工参数对话框

步骤 02：指定切削面。单击  按钮，打开【切削区域】对话框，在绘图区指定
图 3-30 所示的切削面。

图 3-30 指定切削面

单击【确定】按钮，返回上个对话框。

步骤 03：设定切削余量。单击 按钮，打开【切削参数】对话框。在【余量】选项
卡中，勾选【使底面余量与侧面余量一致】复选框，在【内公差】文本框与【外公差】
文本框中输入 0.005，如图 3-31 所示。

单击【确定】按钮，返回上个对话框。

步骤 04：设定退刀参数。单击 按钮，打开【非切削移动】对话框。打开【退刀】
选项卡，在【退刀】选区的【退刀类型】下拉列表中选择【线性-沿矢量】选项，此时绘

图区出现矢量坐标系,单击矢量坐标系 X 轴,如箭头所示,将【长度】的值改为 30,如图 3-32 所示。

单击【确定】按钮,返回上个对话框。

说明:将【退刀类型】设置为线性-沿矢量时,会出现一个"WCS 沿矢量坐标"(蓝色图标),选择所需的箭头方向。其目的是在加工时可以以直线加工退刀,防止工件出现条痕。

图 3-31　设定切削余量　　　　　　　　图 3-32　退刀的参数设置

单击【确定】按钮,返回上个对话框。

步骤 05:设定进给率和主轴速度。单击 📑 按钮,打开【进给率和速度】对话框。勾选【主轴速度】复选框,在其后的文本框中输入 4500。在【进给率】选区,将【切削】的值改为 1500,单击【主轴速度】后的 ▣ 按钮进行自动计算,如图 3-33 所示。

单击【确定】按钮,返回上个对话框。

步骤 06:生成刀轨。单击 📄 按钮,系统计算出侧壁精加工的刀轨,如图 3-34 所示。

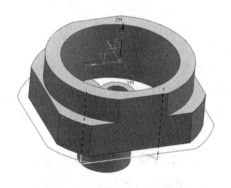

图 3-33　进给率和速度的参数设置　　　　图 3-34　侧壁精加工的刀轨

3.3.4　底壁精加工

步骤 01：创建底壁加工工序。右击 ，弹出快捷菜单，选择【插入】→【工序】命令，打开【创建工序】对话框，如图 3-35 所示。在【类型】下拉列表中选择【mill_planar】选项，在【工序子类型】选区单击 按钮，在【位置】选区的【刀具】下拉列表中选择【D10（铣刀-5 参数）】选项，单击【确定】按钮，打开设置底壁加工参数对话框，如图 3-36 所示。

图 3-35　【创建工序】对话框　　　图 3-36　设置底壁加工参数对话框

在【切削模式】下拉列表中选择【跟随部件】选项，同时在【平面直径百分比】文本框中输入 65。

步骤 02：指定切削面。单击 按钮，打开【切削区域】对话框，在绘图区指定图 3-37 所示的切削面。

图 3-37　指定切削面

单击【确定】按钮，返回上个对话框。

步骤 03：设定切削余量。单击■按钮，打开【切削参数】对话框。在【余量】选项卡的【部件余量】文本框中输入 0.2，在【内公差】文本框与【外公差】文本框中输入 0.005，如图 3-38 所示。

单击【确定】按钮，返回上个对话框。

步骤 04：设定进给率和主轴速度。单击■按钮，打开【进给率和速度】对话框。勾选【主轴速度】复选框，在其后的文本框中输入 4500。在【进给率】选区，将【切削】的值改为 1500，单击【主轴速度】后的■按钮进行自动计算，如图 3-39 所示。

单击【确定】按钮，返回上个对话框。

步骤 05：生成刀轨。单击■按钮，系统计算出底壁精加工的刀轨，如图 3-40 所示。

图 3-38　设定切削余量

图 3-39　进给率和速度的参数设置

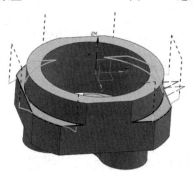

图 3-40　底壁精加工的刀轨

3.3.5　直径 φ68 的圆外壁精加工

步骤 01：创建深度轮廓加工工序。右击 ✍MCS_MILL　 WORKPIECE，弹出快捷菜单，选择【插入】→【工序】命令，打开【创建工序】对话框，如图 3-41 所示。在【类型】下拉列表中选择【mill_contour】选项，在【工序子类型】选区单击■按钮，在【位置】选区的【刀具】下拉列表中选择【D10（铣刀-5 参数）】选项，单击【确定】按钮，打开设置深度轮廓加工参数对话框，如图 3-42 所示。将每一刀的切削深度【最大距离】的值改为 0。

图 3-41　【创建工序】对话框

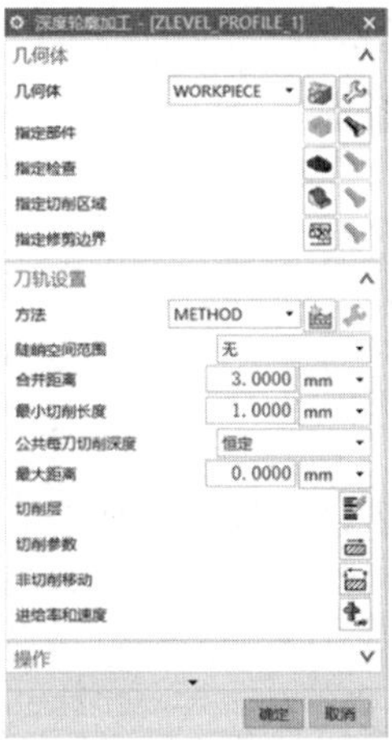

图 3-42　设置深度轮廓加工参数对话框

步骤 02：指定切削面。单击 🔩 按钮，打开【切削区域】对话框，在绘图区指定图 3-43 所示的切削面。

单击【确定】按钮，返回上个对话框。

步骤 03：设定切削层。单击 🔳 按钮，打开【切削层】对话框，选取轴套模型底面，在【范围定义】选区，将【范围深度】改为 12（总切削深度），切削范围如图 3-44 所示。

图 3-43　指定切削面

单击【确定】按钮，返回上个对话框。

步骤 04：设定切削余量。单击 🔲 按钮，打开【切削参数】对话框。在【余量】选项卡中，勾选【使底面余量与侧面余量一致】复选框，在【内公差】文本框与【外公差】文本框中输入 0.005，如图 3-45 所示。

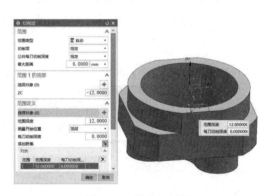

图 3-44　设定切削层

单击【确定】按钮，返回上个对话框。

步骤 05：设定进给率和主轴速度。单击 🔩 按钮，打开【进给率和速度】对话框。勾选【主轴速度】复选框，在其后的文本框中输入 4500。在【进给率】选区，将【切削】的值改为 1500，单击【主轴速度】后的 🔲 按钮进行自动计算，如图 3-46 所示。

图 3-45　设定切削余量　　　　图 3-46　进给率和速度的参数设置

单击【确定】按钮，返回上个对话框。

步骤 06：生成刀轨。单击 ▶ 按钮，系统计算出直径 $\phi68$ 的圆外壁精加工的刀轨，如图 3-47 所示。

图 3-47　直径 $\phi68$ 的圆外壁精加工的刀轨

3.3.6　直径 $\phi54$ 的圆底壁精加工

步骤 01：创建型腔铣工序。右击 MCS_MILL WORKPIECE，弹出快捷菜单，选择【插入】→【工序】命令，打开【创建工序】对话框，如图 3-48 所示。在【类型】下拉列表中选择【mill_contour】选项，在【工序子类型】选区单击 按钮，在【位置】选区的【刀具】下拉列表中选择【D10（铣刀-5 参数）】选项，单击【确定】按钮，打开设置型腔铣参数对话框，如图 3-49 所示。

图 3-48　【创建工序】对话框　　　图 3-49　设置型腔铣参数对话框

在【切削模式】下拉列表中选择【跟随周边】选项，在【平面直径百分比】文本框中输入 50，并将每一刀的切削深度【最大距离】的值改为 0。

步骤 02：指定切削面。单击 按钮，打开【切削区域】对话框，在绘图区指定图 3-50 所示的切削面。

单击【确定】按钮，返回上个对话框。

步骤 03：设定切削层。单击 按钮，打开【切削层】对话框。在【范围类型】下拉列表中选择【自动】选项，选取轴套模型底面，并将【范围深度】改为 28（总切削深度），如图 3-51 所示。

单击【确定】按钮，返回上个对话框。

步骤 04：设定切削余量。单击 按钮，打开【切削参数】对话框。在【余量】选项卡中，勾选【使底面余量与侧面余量一致】复选框，在【部件侧面余量】文本框中输入 0.2，在【内公差】文本框与【外公差】文本框中输入 0.01，如图 3-52 所示。

单击【确定】按钮，返回上个对话框。

步骤 05：设定进刀参数。单击 按钮，打开【非切削移动】对话框。打开【进刀】选项卡，在【封闭区域】选区的【进刀类型】下拉列表中选择【插削】选项，将【高度】的值改为 1，如图 3-53 所示。

图 3-50　指定切削面

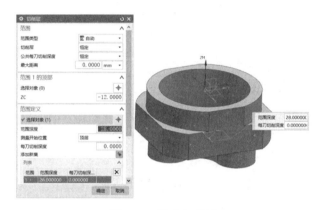

图 3-51　设定切削层

图 3-52　设定切削余量

图 3-53　进刀的参数设置

单击【确定】按钮，返回上个对话框。

步骤 06：设定进给率和主轴速度。单击 ⬚ 按钮，打开图 3-54 所示的【进给率和速度】对话框。勾选【主轴速度】复选框，在其后的文本框中输入 4500。在【进给率】选区，将【切削】的值改为 1500，单击【主轴速度】后的 ⬚ 按钮进行自动计算。

单击【确定】按钮，返回上个对话框。

步骤 07：生成刀轨。单击 ⬚ 按钮，系统计算出的直径 φ54 的圆底壁精加工的刀轨，如图 3-55 所示。

图 3-54 【进给率和速度】对话框

图 3-55 直径 φ54 的圆底壁精加工的刀轨

3.3.7 直径 φ54 的圆孔内壁精加工

步骤 01：创建深度轮廓加工工序。右击 ⬚ MCS_MILL WORKPIECE ，弹出快捷菜单，选择【插入】→【工序】命令，打开【创建工序】对话框，如图 3-56 所示。在【类型】下拉列表中选择【mill_contour】选项，在【工序子类型】选区单击 ⬚ 按钮，在【位置】选区的【刀具】下拉列表中选择【D10（铣刀-5 参数）】选项，单击【确定】按钮，打开设置深度轮廓加工参数对话框，如图 3-57 所示。将每一刀的切削深度【最大距离】的值改为 0。

图 3-56 【创建工序】对话框

图 3-57 设置深度轮廓加工参数对话框

步骤 02：指定切削面。单击 ⬛ 按钮，打开【切削区域】对话框，在绘图区指定图 3-58 所示的切削面。

图 3-58　指定切削面

单击【确定】按钮，返回上个对话框。

步骤 03：设定切削层。单击 ▤ 按钮，打开【切削层】对话框，选取轴套模型底面，并将【范围深度】改为 28（总切削深度），如图 3-59 所示。

图 3-59　设定切削层

单击【确定】按钮，返回上个对话框。

步骤 04：设定切削余量。单击 ▱ 按钮，打开【切削参数】对话框。在【余量】选项卡中，勾选【使底面余量与侧面余量一致】复选框，在【部件侧面余量】文本框中输入 0，在【内公差】文本框与【外公差】文本框中输入 0.005，如图 3-60 所示。

单击【确定】按钮，返回上个对话框。

步骤 05：设定进刀参数。单击 ▱ 按钮，打开【非切削移动】对话框。打开【进刀】选项卡，在【封闭区域】选区的【进刀类型】下拉列表中选择【与开放区域相同】选项，在【开放区域】选区的【进刀类型】下拉列表中选择【圆弧-垂直于刀轴】选项，如图 3-61 所示。

单击【确定】按钮，返回上个对话框。

步骤 06：设定进给率和主轴速度。单击 ▱ 按钮，打开【进给率和速度】对话框。勾选【主轴速度】复选框，在其后的文本框中输入 4500。在【进给率】选区，将【切削】

的值改为 1500，单击【主轴速度】后的 ▣ 按钮进行自动计算，如图 3-62 所示。

单击【确定】按钮，返回上个对话框。

步骤 07：生成刀轨。单击 ▣ 按钮，系统计算出直径 φ54 的圆孔内壁精加工的刀轨，如图 3-63 所示。

图 3-60　设定切削余量

图 3-61　进刀的参数设置

图 3-62　进给率和速度的参数设置

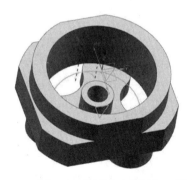

图 3-63　直径 φ54 的圆孔内壁精加工的刀轨

3.3.8　直径 φ16 圆的圆柱外壁精加工

步骤 01：创建深度轮廓加工工序。右击 MCS_MILL WORKPIECE ，弹出快捷菜单，选择【插入】→【工序】命令，打开【创建工序】对话框，如图 3-64 所示。在【类型】下拉列表中选择【mill_contour】选项，在【工序子类型】选区单击 ▣ 按钮，在【位置】选区的【刀具】下拉列表中选择【D10（铣刀-5 参数）】选项，单击【确定】按钮，打开设置深度轮廓加工参数对话框，如图 3-65 所示。将每一刀的切削深度【最大距离】的值改为 0。

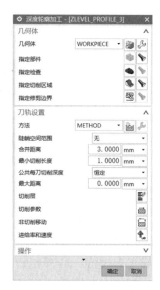

图 3-64 【创建工序】对话框　　　　图 3-65 设置深度轮廓加工参数对话框

步骤 02：指定切削面。单击 按钮，打开【切削区域】对话框，在绘图区指定图 3-66 所示的切削面。

图 3-66 指定切削面

单击【确定】按钮，返回上个对话框。

步骤 03：设定切削层。单击 按钮，打开【切削层】对话框，选取轴套模型底面，并将【范围深度】改为 10，如图 3-67 所示。

单击【确定】按钮，返回上个对话框。

步骤 04：设定切削余量。单击 按钮，打开【切削参数】对话框。在【余量】选项卡中，勾选【使底面余量与侧面余量一致】复选框，在【部件侧面余量】文本框中输入 0，在【内公差】文本框与【外公差】文本框中输入 0.005，如图 3-68 所示。

单击【确定】按钮，返回上个对话框。

步骤 05：设定进刀参数。单击 按钮，打开【非切削移动】对话框。打开【进刀】选项卡，在【封闭区域】选区的【进刀类型】下拉列表中选择【与开放区域相同】选项。在【开放区域】选区的【进刀类型】下拉列表中选择【圆弧-垂直于刀轴】选项，如图 3-69 所示。

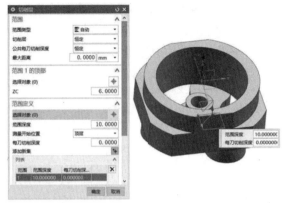

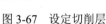

图 3-67 设定切削层   图 3-68 设定切削余量

单击【确定】按钮，返回上个对话框。

步骤 06：设定进给率和主轴速度。单击 ⬛ 按钮，打开【进给率和速度】对话框。勾选【主轴速度】复选框，在其后的文本框中输入 4500。在【进给率】选区，将【切削】的值改为 1500，单击【主轴速度】后的 ⬛ 按钮进行自动计算，如图 3-70 所示。

图 3-69 进刀的参数设置   图 3-70 进给率和速度的参数设置

单击【确定】按钮，返回上个对话框。

步骤 07：生成刀轨。单击 ⬛ 按钮，系统计算出直径 $\phi16$ 圆的圆柱外壁精加工的刀轨，如图 3-71 所示。

3.3.9 直径 $\phi16$ 圆的圆柱上表面精加工

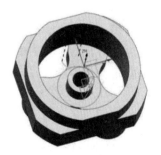

图 3-71 直径 $\phi16$ 圆的圆柱外壁精加工的刀轨

步骤 01：为创建底壁加工工序。右击 MCS_MILL WORKPIECE ，弹出快捷菜单，选择【插入】→【工序】命令，打开【创建工序】对话框，如图 3-72 所示。在【类型】下拉列表中选择

【mill_planar】选项，在【工序子类型】选区单击囗按钮，在【位置】选区的【刀具】下拉列表中选择【D10（铣刀-5 参数）】选项，单击【确定】按钮，打开设置底壁加工参数对话框，如图 3-73 所示。

在【刀轨设置】选区的【切削模式】下拉列表中选择【跟随周边】选项，同时在【平面直径百分比】文本框中输入 75。

步骤 02：指定切削面。单击📎按钮，打开【切削区域】对话框，在绘图区指定图 3-74 所示的切削面。

图 3-72　【创建工序】对话框

图 3-73　设置底壁加工参数对话框

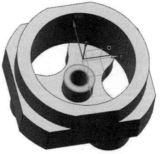

图 3-74　指定切削面

单击【确定】按钮，返回上个对话框。

步骤 03：设定切削余量。单击🚿按钮，打开【切削参数】对话框。在【余量】选项卡的【部件余量】文本框中输入 0，在【内公差】文本框与【外公差】文本框中输入 0.005，如图 3-75 所示。

单击【确定】按钮，返回上个对话框。

步骤04：设定进刀参数。单击 ≡ 按钮，打开【非切削移动】对话框。打开【进刀】选项卡，在【封闭区域】选区的【进刀类型】下拉列表中选择【与开放区域相同】选项。在【开放区域】选区的【进刀类型】下拉列表中选择【线性】选项，并将【最小安全距离】的值改为3，如图3-76所示。

单击【确定】按钮，返回上个对话框。

步骤05：设定进给率和主轴速度。单击 ▉ 按钮，打开【进给率和速度】对话框。勾选【主轴速度】复选框，在其后的文本框中输入4500。在【进给率】选区，将【切削】的值改为1500，单击【主轴速度】后的 ▉ 按钮进行自动计算，如图3-77所示。

单击【确定】按钮，返回上个对话框。

步骤06：生成刀轨。单击 ▉ 按钮，系统计算出直径 φ16 圆的圆柱上表面精加工的刀轨，如图3-78所示。

图 3-75　设定切削余量

图 3-76　进刀的参数设置

图 3-77　进给率和速度的参数设置

图 3-78　直径 φ16 圆的圆柱上表面精加工的刀轨

3.3.10　直径 ϕ10 的孔粗加工

步骤 01：创建型腔铣工序。右击 ，弹出快捷菜单，选择【插入】→【工序】命令，打开【创建工序】对话框，如图 3-79 所示。在【类型】下拉列表中选择【mill_contour】选项，在【工序子类型】选区单击按钮，在【位置】选区的【刀具】下拉列表中选择【D8（铣刀-5 参数）】选项，单击【确定】按钮，打开设置型腔铣参数对话框，如图 3-80 所示。

图 3-79　【创建工序】对话框　　　　图 3-80　设置型腔铣参数对话框

在【切削模式】下拉列表中选择【跟随周边】选项，在【平面直径百分比】文本框中输入 65，并将每一刀的切削深度【最大距离】的值改为 0.3。

步骤 02：指定切削面。单击按钮，打开【切削区域】对话框，在绘图区指定图 3-81 所示的切削面。

单击【确定】按钮，返回上个对话框。

步骤 03：设定切削层。单击按钮，打开【切削层】对话框。在【范围类型】下拉列表中选择【用户定义】选项，选取轴套模型底面，并将【范围深度】改为 21（总切削深度），如图 3-82 所示。

图 3-81　指定切削面

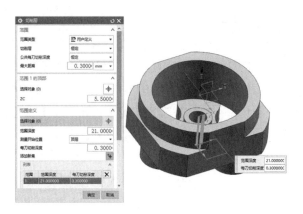

图 3-82　设定切削层

单击【确定】按钮，返回上个对话框。

步骤 04：设定切削余量。单击▦按钮，打开【切削参数】对话框。在【余量】选项卡中，勾选【使底面余量与侧面余量一致】复选框，在【部件侧面余量】文本框中输入 0.1，如图 3-83 所示。

单击【确定】按钮，返回上个对话框。

说明：在【策略】选项卡的【延伸路径】选区，要勾选【在刀具接触点下继续切削】复选框。

步骤 05：设定进刀参数。单击▦按钮，打开【非切削移动】对话框，进刀、转移/快速的参数设置如图 3-84 和图 3-85 所示。

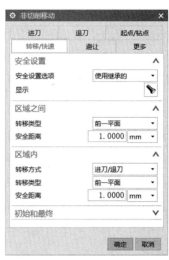

图 3-83　设定切削余量　　　图 3-84　进刀的参数设置　　　图 3-85　转移/快速的参数设置

单击【确定】按钮，返回上个对话框。

步骤 06：设定进给率和主轴速度。单击▦按钮，打开【进给率和速度】对话框。勾选【主轴速度】复选框，在其后的文本框中输入 4500。在【进给率】选区，将【切削】的值改为 2500，单击【主轴速度】后的▦按钮进行自动计算，如图 3-86 所示。

单击【确定】按钮，返回上个对话框。

步骤 07：生成刀轨。单击 按钮，系统计算出直径 ϕ10 的孔粗加工的刀轨，如图 3-87 所示。

图 3-86　进给率和速度的参数设置

图 3-87　直径 ϕ10 的孔粗加工的刀轨

3.3.11　直径 ϕ10 的孔内壁精加工

步骤 01：创建深度轮廓加工工序。右击 ，弹出快捷菜单，选择【插入】→【工序】命令，打开【创建工序】对话框，如图 3-88 所示。在【类型】下拉列表中选择【mill_contour】选项，在【工序子类型】选区单击 按钮，在【位置】选区的【刀具】下拉列表中选择【D8（铣刀-5 参数）】选项，单击【确定】按钮，打开设置深度轮廓加工参数对话框，如图 3-89 所示。将每一刀的切削深度【最大距离】的值改为 0。

图 3-88　【创建工序】对话框

图 3-89　设置深度轮廓加工参数对话框

步骤 02：指定切削面。单击 按钮，打开【切削区域】对话框，在绘图区指定图 3-90 所示的切削面。

图 3-90　指定切削面

单击【确定】按钮，返回上个对话框。

步骤 03：设定切削层。单击 按钮，打开【切削层】对话框，选取轴套模型底面，并将【范围深度】改为 20.5（总切削深度），如图 3-91 所示。

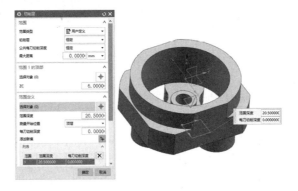

图 3-91　设定切削层

单击【确定】按钮，返回上个对话框。

步骤 04：设定切削余量。单击 按钮，打开【切削参数】对话框。在【余量】选项卡中，勾选【使底面余量与侧面余量一致】复选框，在【部件侧面余量】文本框中输入 0，在【内公差】文本框与【外公差】文本框中输入 0.005，如图 3-92 所示。

单击【确定】按钮，返回上个对话框。

说明：在【策略】选项卡的【延伸路径】选区，要勾选【在刀具接触点下继续切削】复选框。

步骤 05：设定进刀参数。单击 按钮，打开【非切削移动】对话框。打开【进刀】选项卡，在【封闭区域】选区的【进刀类型】下拉列表中选择【插削】选项，如图 3-93 所示。

单击【确定】按钮，返回上个对话框。

步骤 06：设定进给率和主轴速度。单击 按钮，打开【进给率和速度】对话框。勾选【主轴速度】复选框，在其后的文本框中输入 4500。在【进给率】选区，将【切削】的值改为 1500，单击【主轴速度】后的 按钮进行自动计算，如图 3-94 所示。

单击【确定】按钮，返回上个对话框。

步骤 07：生成刀轨。单击 按钮，系统计算出直径 $\phi10$ 的孔内壁精加工的刀轨，如图 3-95 所示。

图 3-92　设定切削余量

图 3-93　进刀的参数设置

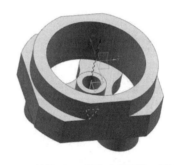

图 3-94　进给率和速度的参数设置

图 3-95　直径 $\phi10$ 的孔内壁精加工的刀轨

3.3.12　调头装夹

步骤 01：创建反面加工坐标系。右击 MCS_MILL WORKPIECE，弹出快捷菜单，选择【插入】→【几何体】命令，打开【创建几何体】对话框。单击【几何体子类型】选区的 按钮，单击【确定】按钮，打开【MCS】对话框。在【机床坐标系】选区单击 按钮，打开【CSYS 对话框】，双击 Z 轴上的箭头使其反向，单击【确定】按钮，返回【MCS】对话框，选择【安全设置】区域，在【安全设置选项】下拉列表中选择【刨】选项，选取方块下表面，将【距离】的值改为 10。单击【MCS】对话框中的【确定】按钮。下表面加工坐标系的建立如图 3-96 所示。

单击【确定】按钮，完成加工坐标系和安全平面的设置。

步骤 02：创建部件几何体。在几何视图中右击 MCS_1，弹出快捷菜单，选择【插入】→【几何体】命令，打开【创建几何体】对话框，如图 3-97 所示。在【几何体子类型】选区单击█按钮，单击【确定】按钮。工序导航器中的几何视图界面如图 3-98 所示。

图 3-96　下表面加工坐标系的建立

图 3-97　【创建几何体】对话框

图 3-98　工序导航器中的几何视图界面

3.3.13　去余量

步骤 01：创建面铣工序。右击█，弹出快捷菜单，选择【插入】→【工序】命令，打开【创建工序】对话框，如图 3-99 所示。在【类型】下拉列表中选择【mill_planar】选项，在【工序子类型】选区单击█按钮，在【位置】选区的【刀具】下拉列表中选择【D10（铣刀-5 参数）】选项，单击【确定】按钮，打开设置面铣参数对话框，如图 3-100 所示。

在【切削模式】下拉列表中选择【往复】选项，在【平面直径百分比】文本框中输入 65。

步骤 02：指定毛坯边界。在设置面铣参数对话框的【几何体】选区单击█按钮，打开【毛坯边界】对话框，如图 3-101 所示。毛坯边界选择方块下表面，如图 3-102 所示。

单击【确定】按钮，返回上个对话框。

说明：若要调出原先创建的方块，则可按 Ctrl+Shift+U 快捷键显示被隐藏的方块。

图 3-99　【创建工序】对话框

图 3-100　设置面铣参数对话框

图 3-101　【毛坯边界】对话框

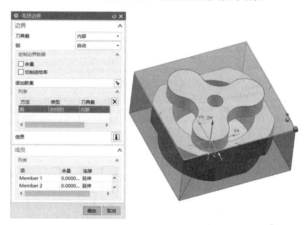

图 3-102　毛坯边界选择方块下表面

步骤 03：设定进给率和主轴速度。单击 按钮，打开【进给率和速度】对话框。勾选【主轴速度】复选框，在其后的文本框中输入 4500。在【进给率】选区，将【切削】的值改为 2500，单击【主轴速度】后的 按钮进行自动计算，如图 3-103 所示。

单击【确定】按钮，返回上个对话框。

步骤 04：生成刀轨。单击 按钮，系统计算出去余量的刀轨，如图 3-104 所示。

图 3-103　进给率和速度的参数设置

图 3-104　去余量的刀轨

3.3.14 三叶轮粗加工

步骤 01：创建型腔铣工序。右击 ![MCS_1 WORKPIECE_1]，弹出快捷菜单，选择【插入】→【工序】命令，打开【创建工序】对话框，如图 3-105 所示。在【类型】下拉列表中选择【mill_contour】选项，在【工序子类型】选区单击 按钮，在【位置】选区的【刀具】下拉列表中选择【D10（铣刀-5 参数）】选项，单击【确定】按钮，打开设置型腔铣参数对话框，如图 3-106 所示。

图 3-105　【创建工序】对话框

图 3-106　设置型腔铣参数对话框

在【切削模式】下拉列表中选择【跟随周边】选项，在【平面直径百分比】文本框中输入 65，并将每一刀的切削深度【最大距离】的值改为 0.5。

步骤 02：设定切削层。单击 按钮，打开【切削层】对话框。在【范围类型】下拉列表中选择【用户定义】选项，选取轴套模型底面，并将【范围深度】改为 10（总切削深度），如图 3-107 所示。

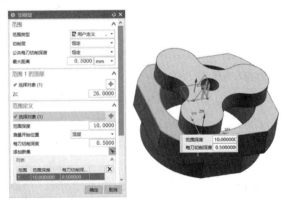

图 3-107　设定切削层

单击【确定】按钮，返回上个对话框。

步骤 03：设定切削策略。单击 按钮，打开【切削参数】对话框。在【策略】选项卡的【切削顺序】下拉列表中选择【深度优先】选项，在【刀路方向】下拉列表中选择【向内】选项，勾选【岛清根】复选框，在【壁清理】下拉列表中选择【无】选项，如图 3-108 所示。

步骤 04：设定切削余量。在【切削参数】对话框中，打开【余量】选项卡，勾选【使底面余量与侧面余量一致】复选框，在【部件侧面余量】文本框中输入 0.1，在【毛坯余量】文本框中输入 5，如图 3-109 所示。

图 3-108　设定切削策略

图 3-109　设定切削余量

单击【确定】按钮，返回上个对话框。

步骤 05：设定进刀参数。单击 按钮，打开【非切削移动】对话框。进刀的参数设置如图 3-110 所示。转移/快速、起点/钻点的参数设置如图 3-111 和图 3-112 所示。

单击【确定】按钮，返回上个对话框。

说明：选择起点/钻点的点可自行设置，图中点的位置可做参考。

步骤 06：设定进给率和主轴速度。单击 按钮，打开图 3-113 所示的【进给率和速度】对话框。勾选【主轴速度】复选框，在其后的文本框中输入 4500。在【进给率】选区，将【切削】的值改为 2500，单击【主轴速度】后的 按钮进行自动计算。

图 3-110　进刀的参数设置

图 3-111　转移/快速的参数设置

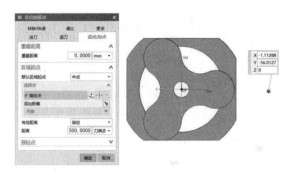

图 3-112 起点/钻点的参数设置

单击【确定】按钮，返回上个对话框。

步骤 07：生成刀轨。单击 ▶ 按钮，系统计算出三叶轮粗加工的刀轨，如图 3-114 所示。

图 3-113 【进给率和速度】对话框   图 3-114 三叶轮粗加工的刀轨

3.3.15 三叶轮底壁精加工

步骤 01：创建底壁加工工序。右击 ，弹出快捷菜单，选择【插入】→【工序】命令，打开【创建工序】对话框，如图 3-115 所示。在【类型】下拉列表中选择【mill_planar】选项，在【工序子类型】选区单击 按钮，在【位置】选区的【刀具】下拉列表中选择【D10（铣刀-5 参数）】选项，单击【确定】按钮，打开设置底壁加工参数对话框，如图 3-116 所示。

图 3-115 【创建工序】对话框   图 3-116 设置底壁加工参数对话框

在【切削模式】下拉列表中选择【跟随周边】选项，并在【平面直径百分比】文本框中输入 65。

步骤 02：指定切削面。单击 🔷 按钮，打开【切削区域】对话框，在绘图区指定图 3-117 所示的切削面。

单击【确定】按钮，返回上个对话框。

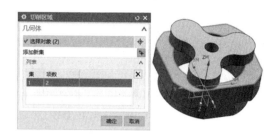

图 3-117　指定切削面

步骤 03：设定切削参数。单击 ▨ 按钮，打开【切削参数】对话框。在【策略】选项卡的【刀路方向】下拉列表中选择【向内】选项，如图 3-118 所示。切换至【余量】选项卡，在【部件余量】文本框中输入 0.2，在【内公差】文本框与【外公差】文本框中输入 0.01，如图 3-119 所示。

单击【确定】按钮，返回上个对话框。

步骤 04：设定进给率和主轴速度。单击 🔧 按钮，打开【进给率和速度】对话框。勾选【主轴速度】复选框，在其后的文本框中输入 4500。在【进给率】选区，将【切削】的值改为 1500，单击【主轴速度】后的 🔢 按钮进行自动计算，如图 3-120 所示。

单击【确定】按钮，返回上个对话框。

步骤 05：生成刀轨。单击 ▶ 按钮，系统计算出三叶轮底壁精加工的刀轨，如图 3-121 所示。

图 3-118　设定切削策略

图 3-119　设定切削余量

图 3-120　进给率和速度的参数设置

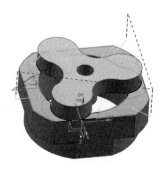

图 3-121　三叶轮底壁精加工的刀轨

3.3.16 三叶轮侧壁精加工

步骤01：创建深度轮廓加工工序。右击 ⬚MCS_1 ⬚WORKPIECE_1，弹出快捷菜单，选择【插入】→【工序】命令，打开【创建工序】对话框，如图3-122所示。在【类型】下拉列表中选择【mill_contour】选项，在【工序子类型】选区单击 按钮，在【位置】选区的【刀具】下拉列表中选择【D10（铣刀-5参数）】选项，单击【确定】按钮，打开设置深度轮廓加工参数对话框，如图3-123所示。将每一刀的切削深度【最大距离】的值改为0。

图 3-122 【创建工序】对话框　　　图 3-123 设置深度轮廓加工参数对话框

步骤02：指定切削面。单击 按钮，打开【切削区域】对话框，在绘图区指定图3-124所示的切削面。

单击【确定】按钮，返回上个对话框。

步骤03：设定切削层。单击 按钮，打开【切削层】对话框，选取轴套模型底面，将【范围深度】改为10（总切削深度），如图3-125所示。

单击【确定】按钮，返回上个对话框。

步骤04：设定切削余量。单击 按钮，打开【切削参数】对话框。在【余量】选项卡中，勾选【使底面余量与侧面余量一致】复选框，在【部件侧面余量】文本框中输入0，在【内公差】文本框与【外公差】文本框中输入0.005，如图3-126所示。

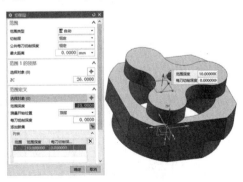

图 3-124 指定切削面　　　　　　　图 3-125 设定切削层

单击【确定】按钮，返回上个对话框。

步骤 05：设定进给率和主轴速度。单击 🔩 按钮，打开【进给率和速度】对话框。勾选【主轴速度】复选框，在其后的文本框中输入 4500。在【进给率】选区，将【切削】的值改为 1500，单击【主轴速度】后的 🔲 按钮进行自动计算，如图 3-127 所示。

单击【确定】按钮，返回上个对话框。

步骤 06：生成刀轨。单击 ⊫ 按钮，系统计算出三叶轮侧壁精加工的刀轨，如图 3-128 所示。

图 3-126　设定切削余量

图 3-127　进给率和速度的参数设置

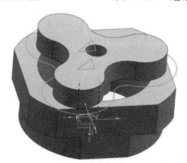

图 3-128　三叶轮侧壁精加工的刀轨

第 4 章
多功能支架的自动编程与综合加工

【内容】

本章通过多功能支架的加工实例，运用 UG 加工模块的使用边界面铣削、型腔铣、深度轮廓加工、区域轮廓铣命令综合编程，说明较复杂工件的数控加工工序安排及其参数设置方法。

【实例】

多功能支架的自动编程与综合加工。

【目的】

通过实例讲解，使读者掌握较复杂工件的多工序加工方法及其参数设置方法。

4.1　实例导入

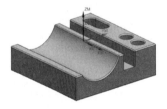

图 4-1　多功能支架模型

多功能支架模型如图 4-1 所示。

依据工件的特征，通过使用边界面铣削、型腔铣、深度轮廓加工、区域轮廓铣综合加工对其进行相应的操作。本例要求使用综合加工方法对工件各表面的尺寸、形状、表面粗糙度等参数按要求加工。

4.2　工艺分析

本例是一个多功能支架的编程实例，材料选用 100mm×100mm×40mm 的 7075 型铝块作为加工毛坯，使用平口虎钳装夹时毛坯一定要预留出 31mm 以上的高度（以防刀具铣到平口虎钳）。在加工过程中，首先用【使用边界面铣削】铣出一个光整的平面作为工件上表面的基准平面，刀具 Z 轴方向以此平面为基准，并在调头装夹时将此平面作为底面基准。然后用【型腔铣】粗加工，去除多余的毛坯余量，并且用【深度轮廓加工】和

【区域轮廓铣】进行上表面的精加工，使尺寸达到要求并保证加工精度。调头装夹时，将已加工平面作为基准平面，机床在 Z 轴方向对刀时，可用垫块+滚刀的方式进行 Z 轴方向的对刀，调头装夹后用【使用边界面铣削】去除毛坯正面加工时多余的部分。最后用【使用边界面铣削】和【深度轮廓加工】进行下表面的精加工，使尺寸达到要求并提高加工精度。加工工艺方案制定如表 4-1 所示。

表 4-1　加工工艺方案制定

工序号	加工内容	加工方式	侧壁/底面余量	机床	刀具	夹具
1	铣平面（作为工件基准）	使用边界面铣削	0mm	铣床	D10 铣刀	平口虎钳
2	上表面粗加工	型腔铣	0.2mm	铣床	D10 铣刀	平口虎钳
3	外侧壁精加工	深度轮廓加工	0mm	铣床	D10 铣刀	平口虎钳
4	内侧壁精加工	深度轮廓加工	0mm	铣床	D10 铣刀	平口虎钳
5	孔精加工	深度轮廓加工	0mm	铣床	D10 铣刀	平口虎钳
6	曲面圆角精加工	区域轮廓铣	0mm	铣床	B6R3 球头铣刀	平口虎钳
7	调头装夹			铣床		平口虎钳
8	去余量	使用边界面铣削	0.1mm	铣床	D10 铣刀	平口虎钳
9	下表面精加工	使用边界面铣削	0mm	铣床	D10 铣刀	平口虎钳
10	下表面圆角精加工	深度轮廓加工	0mm	铣床	B6R3 球头铣刀	平口虎钳

4.3　自动编程

4.3.1　铣平面（作为工件基准）

步骤 01：导入工件。单击 📂 按钮，打开【打开】对话框，选择资料包中的 duogongnengzhijia.stp 文件，单击【OK】按钮。进入建模环境，打开【文件】菜单，选择【首选项】命令下的【用户界面】，打开【用户界面首选项】对话框。单击左侧的【布局】，选择【用户界面环境】下的【经典工具条】，单击【确定】按钮。为创建方块，选择【启动】→【建模】命令，在【命令查找器】中输入"创建方块"，打开【命令查找器】对话框，单击 🔲 按钮，打开【创建方块】对话框，如图 4-2 所示。在绘图区框选工件，并将【设置】选区的【间隙】的值改为 0。为工件创建方块和对角线（或选择【插入】→【曲线】→【直线】命令画出对角线），如图 4-3 所示。

说明：创建方块的目的是为了能找到工件的最顶面。画出对角线是为了后续将加工坐标系放置到线段的中点也就是工件的最中心，这样做的目的是便于实际加工中对刀，以方便找准毛坯中心。

步骤 02：选择【启动】→【加工】命令进入加工模块，打开 CAM 设置，如图 4-4 所示。选择【mill_planar】选项，单击【确定】按钮，进入加工环境。

步骤 03：单击界面左侧资源条中的 🔳 按钮，打开【工序导航器】对话框，选择【工序导航器】→【几何视图】命令，打开工序导航器中的几何视图界面，如图 4-5 所示。

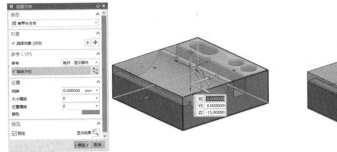

图 4-2 【创建方块】对话框

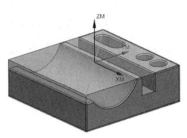

图 4-3 对角线

图 4-4 CAM 设置

图 4-5 工序导航器中的几何视图界面

步骤 04：创建机床坐标系。双击 MCS_MILL ，打开【MCS 铣削】对话框，单击【机床坐标系】选区的 按钮，打开【CSYS】对话框。单击【操控器】选区的 按钮，打开【点】对话框。在【类型】下拉列表中选择【控制点】选项，单击直线中间区域，即可完成 UG 加工坐标系的定义，如图 4-6 所示。

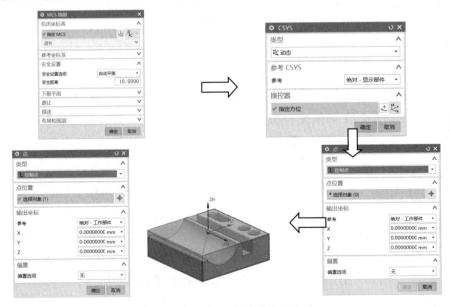

图 4-6 UG 加工坐标系的定义

单击【确定】按钮。

步骤 05：创建几何体。在工序导航器中单击 🔧MCS_MILL 前的"＋"号，展开坐标系父节点。双击其下的 WORKPIECE，打开【工件】对话框，如图 4-7 所示。单击 🕙 按钮，打开【部件几何体】对话框，在绘图区中选择多功能支架模型作为部件几何体。

步骤 06：创建毛坯几何体。单击【确定】按钮，返回【工件】对话框。单击 🕙 按钮，打开【毛坯几何体】对话框，该对话框中的参数设置如图 4-8 所示。

图 4-7　【工件】对话框

图 4-8　【毛坯几何体】对话框中的参数设置

说明：部件几何体指定为工件模型，指定毛坯处选择包容块后系统会自动计算出一个方块。

步骤 07：创建刀具。选择【刀具】→【创建刀具】命令，打开【创建刀具】对话框。默认的【刀具子类型】为铣刀，在【名称】文本框中输入 D10，如图 4-9 所示。单击【应用】按钮，打开【铣刀-5 参数】对话框，在【直径】文本框中输入 10，如图 4-10 所示。工序导航器中的机床视图界面如图 4-11 所示。

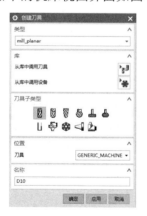

图 4-9　输入 D10

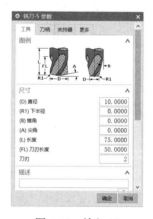

图 4-10　输入 10

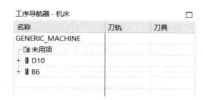

图 4-11　工序导航器中的机床视图界面

用同样的方法创建 B6R3 的球头铣刀。

步骤 08：创建面铣工序。右击 MCS_MILL WORKPIECE ，弹出快捷菜单，选择【插入】→【工序】命令，打开【创建工序】对话框，如图 4-12 所示。在【类型】下拉列表中选择【mill_planar】选项，在【工序子类型】选区单击 按钮，在【位置】选区的【刀具】下拉列表中选择【D10（铣刀-5 参数）】选项，单击【确定】按钮，打开设置面铣参数对话框，如图 4-13所示。

图 4-12　【创建工序】对话框　　　　　图 4-13　设置面铣参数对话框

在【切削模式】下拉列表中选择【往复】选项，同时在【平面直径百分比】文本框中输入 50。

步骤 09：指定毛坯边界。在设置面铣参数对话框的【几何体】选区单击 按钮，打开【毛坯边界】对话框，如图 4-14 所示。毛坯边界选择方块上表面，如图 4-15 所示。

图 4-14　【毛坯边界】对话框　　　　　图 4-15　选择方块上表面

单击【确定】按钮，返回上个对话框。

步骤 10：修改切削参数。单击 按钮，打开【切削参数】对话框。打开【策略】选项卡，在【切削】选区的【与 XC 的夹角】文本框中输入 90，如图 4-16 所示。切换至【余量】选项卡，在【毛坯余量】文本框中输入 3，如图 4-17 所示。

图 4-16　设定切削策略

图 4-17　设定切削余量

单击【确定】按钮，返回上个对话框。

步骤 11：设定进给率和主轴速度。单击📥按钮，打开【进给率和速度】对话框。勾选【主轴速度】复选框，在其后的文本框中输入 7000。在【进给率】选区，将【切削】的值改为 2000，单击【主轴速度】后的🔳按钮进行自动计算，如图 4-18 所示。

单击【确定】按钮，返回上个对话框。

步骤 12：生成刀轨。单击📄按钮，系统计算出铣平面（作为工件基准）的刀轨，如图 4-19 所示。

图 4-18　进给率和速度的参数设置

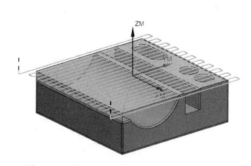

图 4-19　铣平面（作为工件基准）的刀轨

4.3.2　上表面粗加工

步骤 01：创建型腔铣工序。右击 MCS_MILL WORKPIECE ，弹出快捷菜单，选择【插入】→【工序】命令，打开【创建工序】对话框，如图 4-20 所示。在【类型】下拉列表中选择【mill_contour】选项，在【工序子类型】选区单击📥按钮，在【位置】选区的【刀具】下拉列表中选择【D10（铣刀-5 参数）】选项，单击【确定】按钮，打开设置型腔铣参数对话框，如图 4-21 所示。

图 4-20　【创建工序】对话框　　　　图 4-21　设置型腔铣参数对话框

在【切削模式】下拉列表中选择【跟随周边】选项，在【平面直径百分比】文本框
中输入 65，并将每一刀的切削深度【最大距离】的值改为 1。

步骤 02：设定切削层。单击 ■ 按钮，打开【切削层】对话框。在【范围类型】下拉
列表中选择【单个】选项，选取多功能支架模型底面，并将【范围深度】改为 30（总切
削深度），如图 4-22 所示。

单击【确定】按钮，返回上个对话框。

步骤 03：设定切削策略。单击 ■ 按钮，打开【切削参数】对话框。在【策略】选项
卡的【切削顺序】下拉列表中选择【深度优先】选项，在【刀路方向】下拉列表中选择
【向内】选项，在【壁清理】下拉列表中选择【无】选项，如图 4-23 所示。

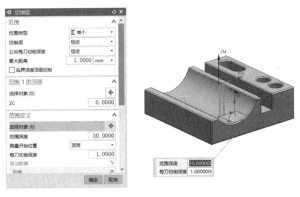

图 4-22　设定切削层

步骤 04：设定切削余量。在【余量】选项卡中，勾选【使底面余量与侧面余量一致】
复选框，在【部件侧面余量】文本框中输入 0.2，在【毛坯余量】文本框中输入 5，在【内
公差】文本框和【外公差】文本框中输入 0.05，如图 4-24 所示。

步骤 05：设定切削拐角。在【拐角】选项卡的【光顺】下拉列表中选择【所有刀路】
选项，将【半径】的值改为 1，如图 4-25 所示。

图 4-23　设定切削策略　　　图 4-24　设定切削余量　　　图 4-25　设定切削拐角

单击【确定】按钮，返回上个对话框。

步骤 06：设定进刀参数。单击⊟按钮，打开【非切削移动】对话框，进刀、转移/快速和退刀的参数设置如图 4-26、图 4-27 和图 4-28 所示。

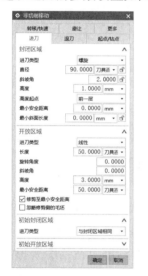

图 4-26　进刀的参数设置　　图 4-27　转移/快速的参数设置　　图 4-28　退刀的参数设置

打开【起点/钻点】选项卡，设置的相应参数如图 4-29 所示。

单击【确定】按钮，返回上个对话框。

步骤 07：设定进给率和主轴速度。单击⊞按钮，打开【进给率和速度】对话框。勾选【主轴速度】复选框，在其后的文本框中输入 3500。在【进给率】选区，将【切削】的值改为 2500，单击【主轴速度】后的▣按钮进行自动计算，如图 4-30 所示。

单击【确定】按钮，返回上个对话框。

步骤 08：生成刀轨。单击▣按钮，系统计算出上表面粗加工的刀轨，如图 4-31 所示。

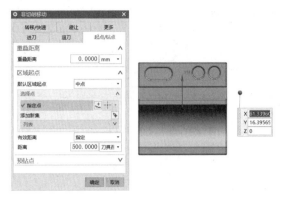 

图 4-29　起点/钻点的参数设置　　　　图 4-30　进给率和速度的参数设置

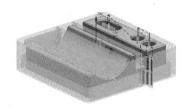

图 4-31　上表面粗加工的刀轨

4.3.3　外侧壁精加工

使用深度轮廓加工工序去除上一道工序留下的加工余量。

步骤 01：创建深度轮廓加工工序。右击 MCS_MILL WORKPIECE ，弹出快捷菜单，选择【插入】→【工序】命令，打开【创建工序】对话框，如图 4-32 所示。在【类型】下拉列表中选择【mill_contour】选项，在【工序子类型】选区单击 按钮，在【位置】选区的【刀具】下拉列表中选择【D10（铣刀-5 参数）】选项，单击【确定】按钮，打开设置深度轮廓加工参数对话框，如图 4-33 所示。将每一刀的切削深度【最大距离】的值改为 0。

步骤 02：指定切削面。单击 按钮，打开【切削区域】对话框，在绘图区指定图 4-34 所示的切削面。

图 4-32　【创建工序】对话框　　　图 4-33　设置深度轮廓加工参数对话框

图 4-34　指定切削面

单击【确定】按钮，返回上个对话框。

步骤 03：设定切削层。单击█按钮，打开【切削层】对话框。在【范围类型】下拉列表中选择【单个】选项，在【范围深度】中选择模型底面（总切削深度），如图 4-35 所示。

单击【确定】按钮，返回上个对话框。

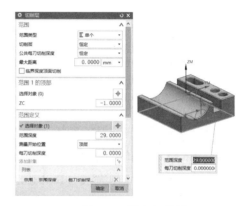

图 4-35　设定切削层

步骤 04：设定切削策略。单击█按钮，打开【切削参数】对话框。在此对话框中设定切削策略，如图 4-36 所示。打开【策略】选项卡，勾选【在刀具接触点下继续切削】复选框。

单击【确定】按钮，返回上个对话框。

步骤 05：设定起点/钻点参数。单击█按钮，打开【非切削移动】对话框。打开【起点/钻点】选项卡，将【重叠距离】的值改为 2，将指定点设置为端点，如图 4-37 所示。

图 4-36　设定切削策略

图 4-37　起点/钻点的参数设置

单击【确定】按钮，返回上个对话框。

步骤 06：设定进给率和主轴速度。单击█按钮，打开图 4-38 所示的【进给率和速度】对话框。勾选【主轴速度】复选框，在其后的文本框中输入 7000。在【进给率】选区，将【切削】的值改为 500，单击【主轴速度】后的█按钮进行自动计算。

单击【确定】按钮，返回上个对话框。

步骤 07：生成刀轨。单击 按钮，系统计算出外侧壁精加工的刀轨，如图 4-39 所示。

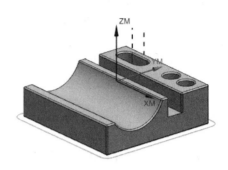

图 4-38　【进给率和速度】对话框　　　　图 4-39　外侧壁精加工的刀轨

4.3.4　内侧壁精加工

使用深度轮廓加工工序去除上一道工序留下的加工余量。

步骤 01：创建深度轮廓加工工序。由于已创建过一道深度轮廓加工工序，所以可直接右击几何视图中的 ZLEVEL_PROFILE，弹出快捷菜单，选择【复制】命令，如图 4-40 所示。右击 MCS_MILL WORKPIECE，弹出快捷菜单，选择【内部粘贴】命令，如图 4-41 所示。

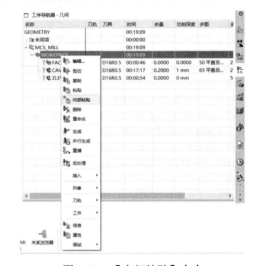

图 4-40　【复制】命令　　　　　　　　图 4-41　【内部粘贴】命令

步骤 02：指定切削面。双击粘贴的工序，单击 按钮，打开【切削区域】对话框。按住 Shift 键，将已经选择的面取消选择或直接单击×按钮。选中内表面侧壁，在绘图区指定图 4-42 所示的切削面。

单击【确定】按钮，返回上个对话框。

步骤 03：设定切削层。单击 按钮，打开【切削层】对话框。在【范围类型】下拉列表中选择【单个】选项，选择内侧槽的底面，如图 4-43 所示。

图 4-42　指定切削面	图 4-43　设定切削层

单击【确定】按钮，返回上个对话框。

步骤 04：生成刀轨。单击▶按钮，系统计算出内侧壁精加工的刀轨，如图 4-44 所示。

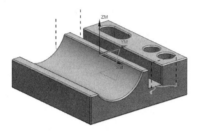

图 4-44　内侧壁精加工的刀轨

4.3.5　孔精加工

使用深度轮廓加工工序去除上一道工序留下的加工余量。

步骤 01：创建深度加工轮廓工序。右击 MCS_MILL WORKPIECE ，弹出快捷菜单，选择【插入】→【工序】命令，打开【创建工序】对话框，如图 4-45 所示。在【类型】下拉列表中选择【mill_contour】选项，在【工序子类型】选区单击▣按钮，在【位置】选区的【刀具】下拉列表中选择【D10（铣刀-5 参数）】选项，单击【确定】按钮，打开设置深度轮廓加工参数对话框，如图 4-46 所示。将每一刀的切削深度【最大距离】的值改为 0。

图 4-45　【创建工序】对话框	图 4-46　设置深度轮廓加工参数对话框

图 4-47　指定切削面

步骤 02：指定切削面。单击 🔧 按钮，打开【切削区域】对话框，在绘图区指定图 4-47 所示的切削面。

单击【确定】按钮，返回上个对话框。

步骤 03：设定进刀参数。单击 🔁 按钮，打开【非切削移动】对话框。打开【进刀】选项卡，在【封闭区域】选区的【进刀类型】下拉列表中选择【插削】选项，如图 4-48 所示。

单击【确定】按钮，返回上个对话框。

步骤 04：设定进给率和主轴速度。单击 📧 按钮，打开【进给率和速度】对话框。勾选【主轴速度】复选框，在其后的文本框中输入 7000。在【进给率】选区，将【切削】的值改为 500，单击【主轴速度】后的 🔲 按钮进行自动计算，如图 4-49 所示。

图 4-48　进刀的参数设置　　　　　　图 4-49　进给率和速度的参数设置

图 4-50　孔精加工的刀轨

单击【确定】按钮，返回上个对话框。

步骤 05：生成刀轨。单击 ▶ 按钮，系统计算出孔精加工的刀轨，如图 4-50 所示。

4.3.6　曲面圆角精加工

步骤 01：创建区域轮廓铣工序。右击 MCS_MILL WORKPIECE，弹出快捷菜单，选择【插入】→【工序】命令，打开【创建工序】对话框，如图 4-51 所示。在【类型】下拉列表中选择【mill_contour】选项，在【工序子类型】选区单击 🔲 按钮，在【位置】选区的【刀具】下拉列表中选择【B6（铣刀-5 参数）】选项，单击【确定】按钮，打开设置区域轮廓铣参数对话框，如图 4-52 所示。

图 4-51　【创建工序】对话框

图 4-52　设置区域轮廓铣参数对话框

步骤 02：指定切削面。单击 ● 按钮，打开【切削区域】对话框，在绘图区指定图 4-53 所示的切削面。

单击【确定】按钮，返回上个对话框。

步骤 03：编辑驱动方法参数。单击 ♣ 按钮，打开【区域铣削驱动方法】对话框，如图 4-54 所示。

在【非陡峭切削模式】下拉列表中选择【往复】选项，在【步距】下拉列表中选择【恒定】选项，将【最大距离】的值改为 0.2，在【剖切角】下拉列表中选择【指定】选项，在【与 XC 的夹角】文本框中输入 45。

单击【确定】按钮，返回上个对话框。

步骤 04：设定进刀参数。单击 ⊞ 按钮，打开【非切削移动】对话框。打开【进刀】选项卡，在【开放区域】选区的【进刀类型】下拉列表中选择【插削】选项，如图 4-55 所示。

单击【确定】按钮，返回上个对话框。

步骤 05：设定进给率和主轴速度。单击 ⊕ 按钮，打开【进给率和速度】对话框。勾选【主轴速度】复选框，在其后的文本框中输入 7000。在【进给率】选区，将【切

图 4-53　指定切削面

图 4-54　【区域铣削驱动方法】对话框

削】的值改为1500，单击【主轴速度】后的 按钮进行自动计算，如图 4-56 所示。

图 4-55　进刀的参数设置

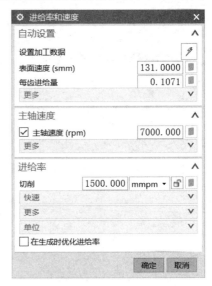

图 4-56　进给率和速度的参数设置

单击【确定】按钮，返回上个对话框。

步骤 06：生成刀轨。单击 按钮，系统计算出曲面圆角精加工的刀轨，如图 4-57 所示。

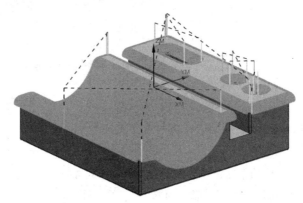

图 4-57　曲面圆角精加工的刀轨

4.3.7　调头装夹

步骤 01：创建反面加工坐标系。右击 MCS_MILL WORKPIECE ，弹出快捷菜单，选择【插入】→【几何体】命令，打开【创建几何体】对话框，单击【确定】按钮，打开【MCS】对话框。在【CSYS】对话框中，双击 Z 轴上的箭头，使其反向即可完成反面加工坐标系的创建，如图 4-58 所示。

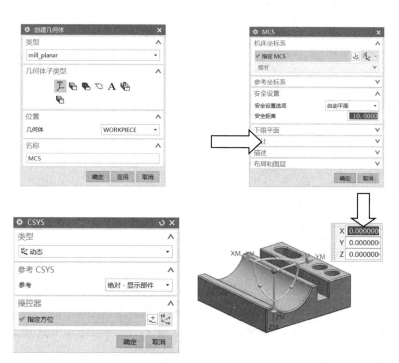

图 4-58　反面加工坐标系的创建

单击【确定】按钮。

步骤 02：创建部件几何体。在几何视图中右击 MCS ，弹出快捷菜单，选择【插入】→【几何体】命令，打开【创建几何体】对话框，如图 4-59 所示。在【几何体子类型】选区单击 按钮，单击【确定】按钮。工序导航器中的几何视图界面如图 4-60 所示。

图 4-59　【创建几何体】对话框

图 4-60　工序导航器中的几何视图界面

4.3.8　去余量

步骤 01：创建面铣工序。右击 ，弹出快捷菜单，选择【插入】→【工序】命令，打开【创建工序】对话框，如图 4-61 所示。在【类型】下拉列表中选择【mill_planar】选项，在【工序子类型】选区单击 按钮，在【位置】选区的【刀具】下拉列表中选择【D10（铣刀-5 参数）】选项，单击【确定】按钮，打开设置面铣参数对话框，如图 4-62 所示。

图 4-61 【创建工序】对话框

图 4-62 设置面铣参数对话框

在【切削模式】下拉列表中选择【跟随周边】选项，在【步距】下拉列表中选择【恒定】选项，并将每一刀的切削深度【最大距离】的值改为 0.5，在【最终底面余量】文本框中输入 0.1。

步骤 02：指定毛坯边界。单击⊗按钮，打开【毛坯边界】对话框，如图 4-63 所示。毛坯边界选择方块下表面，如图 4-64 所示。

图 4-63 【毛坯边界】对话框

图 4-64 选择方块下表面

单击【确定】按钮，返回上个对话框。

步骤 03：修改切削策略。单击▱按钮，打开【切削参数】对话框。在【策略】选项卡的【刀路方向】下拉列表中选择【向内】选项，勾选【岛清根】复选框，在【壁清理】下拉列表中选择【无】选项，如图 4-65 所示。切换至【余量】选项卡，在【毛坯余量】文本框中输入 3，如图 4-66 所示。

图 4-65 设定切削策略

图 4-66 设定切削余量

单击【确定】按钮，返回上个对话框。

步骤 04：设定进给率和主轴速度。单击 按钮，打开【进给率和速度】对话框。勾选【主轴速度】复选框，在其后的文本框中输入 4000。在【进给率】选区，将【切削】的值改为 2000，单击【主轴速度】后的 按钮进行自动计算，如图 4-67 所示。

单击【确定】按钮，返回上个对话框。

步骤 05：生成刀轨。单击 按钮，系统计算出去余量的刀轨，如图 4-68 所示。

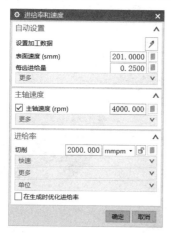

图 4-67 进给率和速度的参数设置

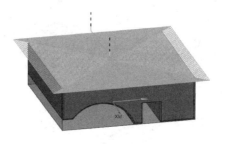

图 4-68 去余量的刀轨

4.3.9 下表面精加工

步骤 01：创建面铣工序。右击 ，弹出快捷菜单，选择【插入】→【工序】命令，打开【创建工序】对话框，如图 4-69 所示。在【类型】下拉列表中选择【mill_planar】选项，在【工序子类型】选区单击 按钮，在【位置】选区的【刀具】下拉列表中选择【D10（铣刀-5 参数）】选项，单击【确定】按钮，打开设置面铣参数对话框，如图 4-70所示。

图 4-69　【创建工序】对话框

图 4-70　设置面铣参数对话框

在【切削模式】下拉列表选择【单向】选项，在【平面直径百分比】文本框中输入 50。

步骤 02：指定毛坯边界。单击 按钮，打开【毛坯边界】对话框，如图 4-71 所示。毛坯边界选择方块下表面，如图 4-72 所示。

图 4-71　【毛坯边界】对话框

图 4-72　选择方块下表面

单击【确定】按钮，返回上个对话框。

步骤 03：设定进给率和主轴速度。单击 按钮，打开【进给率和速度】对话框。勾选【主轴速度】复选框，在其后的文本框中输入 7000。在【进给率】选区，将【切削】的值改为 2000，单击【主轴速度】后的 按钮进行自动计算，如图 4-73 所示。

单击【确定】按钮，返回上个对话框。

步骤 04：生成刀轨。单击 按钮，系统计算出下表面精加工的刀轨，如图 4-74 所示。

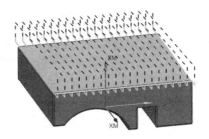

图 4-73　进给率和速度的参数设置　　　　图 4-74　下表面精加工的刀轨

4.3.10　下表面圆角精加工

步骤 01：创建深度轮廓加工工序。右击 MCS WORKPIECE，弹出快捷菜单，选择【插入】→【工序】命令，打开【创建工序】对话框，如图 4-75 所示。在【类型】下拉列表中选择【mill_contour】选项，在【工序子类型】选区单击 按钮，在【位置】选区的【刀具】下拉列表中选择【B6（铣刀-5 参数）】选项，单击【确定】按钮，打开设置深度轮廓加工参数对话框，如图 4-76 所示。将【最大距离】的值改为 0.1。

图 4-75　【创建工序】对话框　　　图 4-76　设置深度轮廓加工参数对话框

步骤 02：指定切削面。单击 按钮，打开【切削区域】对话框，在绘图区指定图 4-77 所示的切削面。

单击【确定】按钮，返回上个对话框。

步骤 03：设定切削连接。单击 按钮，打开【切削参数】对话框，如图 4-78 所示。

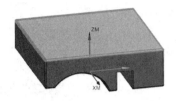

图 4-77　指定切削面　　　　　　　　图 4-78　【切削参数】对话框

打开【连接】选项卡，在【层到层】下拉列表中选择【沿部件斜进刀】选项，在【斜坡角】文本框中输入 10。

单击【确定】按钮，返回上个对话框。

步骤 04：设定进给率和主轴速度。单击 按钮，打开图 4-79 所示的【进给率和速度】对话框。勾选【主轴速度】复选框，在其后的文本框中输入 7000。在【进给率】选区，将【切削】的值改为 2000，单击【主轴速度】后的 按钮进行自动计算。

单击【确定】按钮，返回上个对话框。

步骤 05：生成刀轨。单击 按钮，系统计算出下表面圆角精加工的刀轨，如图 4-80 所示。

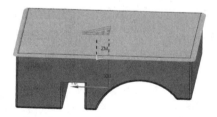

图 4-79　【进给率和速度】对话框　　　　　图 4-80　下表面圆角精加工的刀轨

第5章

圆口碗的自动编程与综合加工

【内容】

　　本章通过圆口碗的加工实例，运用 UG 加工模块的使用边界面铣削、型腔铣、深度轮廓加工、平面铣、底壁加工命令综合编程，说明较复杂工件的数控加工工序安排及其参数设置方法。

【实例】

　　圆口碗的自动编程与综合加工。

【目的】

　　通过实例讲解，使读者熟悉和掌握较复杂工件的多工序加工方法及其参数设置方法。

5.1　实例导入

　　圆口碗模型如图 5-1 所示。

　　依据工件的特征，通过使用边界面铣削、型腔铣、深度轮廓加工、平面铣、底壁加工综合加工对其进行相应的操作。本例要求使用综合加工方法对工件各表面的尺寸、形状、表面粗糙度等参数按要求加工。

5.2　工艺分析

图 5-1　圆口碗模型

　　本例是一个圆口碗的编程实例，加工思路是选用 120mm×120mm×52mm 的 7075 型铝块作为加工毛坯，采用的加工命令有：使用边界面铣削、型腔铣、深度轮廓加工和底壁加工。首先用【使用边界面铣削】铣出一个光整的平面作为工件上表面的基准平面，刀具 Z 轴方向以此平面作为基准并在调头装夹时作为底面基准。然后用【型腔铣】粗加工，去除多余的毛坯余量，并用【深度轮廓加工】和【底壁加工】进行精加工，使尺寸达到要求并提高加工精度；调头装夹后用【型腔铣】去除毛坯下表面余量。并用【底壁加工】、【平面铣】和【深度轮廓加工】进行工件下表面精加工，使尺寸达到要求并提高加工精度。最后用【平面铣】使工件与装夹毛坯进行分离，使圆口碗工件自动脱落。加工工艺方案制定如表 5-1 所示。

表 5-1　加工工艺方案制定

工序号	加工内容	加工方式	侧面/底面余量	机床	刀具	夹具
1	铣平面 （作为工件基准）	使用边界面铣削	0mm	铣床	D10 铣刀	平口虎钳
2	下表面粗加工	型腔铣	0.1/0.1mm	铣床	D10 铣刀	平口虎钳
3	φ37 圆底面精加工	底壁加工	0.1mm/0	铣床	D10 铣刀	平口虎钳
4	φ37 圆底侧面精加工	深度轮廓加工	0mm	铣床	D10 铣刀	平口虎钳
5	曲面精加工	深度轮廓加工	0mm	铣床	B6 球头铣刀	平口虎钳
6	调头装夹					平口虎钳
7	内表面粗加工	型腔铣	0.1/0.1mm	铣床	D10 铣刀	平口虎钳
8	内底面精加工	底壁加工	0mm	铣床	D10 铣刀	平口虎钳
9	底平面半精加工	平面铣	-0.5mm	铣床	D10 铣刀	平口虎钳
10	上表面外侧曲面精加工	深度轮廓加工	0mm	铣床	B6 球头铣刀	平口虎钳
11	底平面精加工	平面铣	-0.5mm	铣床	D10 铣刀	平口虎钳

5.3　自动编程

5.3.1　铣平面（作为工件基准）

步骤 01：导入工件。单击 按钮，打开【打开】对话框，选择资料包中的 yuankouwan.stp 文件，单击【OK】按钮，导入圆口碗模型。打开【文件】菜单，选择【首选项】命令下的【用户界面】，打开【用户界面首选项】对话框，单击左侧的【布局】，选择【用户界面环境】下的【经典工具条】，单击【确定】按钮。为创建方块：选择【启动】→【建模】命令，在【命令查找器】中输入"创建方块"，打开【命令查找器】对话框，单击 按钮，打开【创建方块】对话框，如图 5-2 所示。在绘图区框选工件，并将【设置】选区的【间隙】的值改为 0，选择【插入】→【同步建模】→【偏置区域】命令，或单击 按钮，打开【偏置区域】对话框，分别选择方块的四周侧面作为偏置对象，并将【偏置】的【距离】设为 8 和 5（此处注意偏置方向），相同方法设置绘图区方块的高（此处选择方块下表面），在【偏置】选区将【距离】的值改为 12.75，为将其偏置到接近 120mm×120mm×52mm 的一个方块。选择【直线】命令（或选择【插入】→【曲线】→【直线】命令）画出对角线，如图 5-3 所示。

说明：创建方块的主要目的是建立相对应的工件毛坯，此步骤建议在建模状态中完成；画出对角线主要是便于实际加工中对刀，以方便找到毛坯的中心。在创建毛坯的过程中，要充分考虑在实际加工时为毛坯底部装夹预留厚度。

步骤 02：选择【启动】→【加工】命令进入加工模块，打开 CAM 设置，如图 5-4 所示。选择【mill_planar】选项，单击【确定】按钮，进入加工环境。

步骤 03：单击界面左侧资源条中的 按钮，打开【工序导航器】对话框，选择【工序导航器】→【几何视图】命令，打开工序导航器中的几何视图界面，如图 5-5 所示。

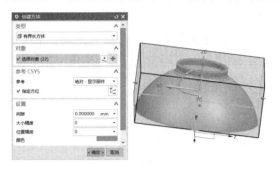

图 5-2　【创建方块】对话框

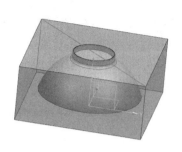

图 5-3　对角线

图 5-4　CAM 设置

图 5-5　工序导航器中的几何视图界面

步骤 04：创建机床坐标系。双击 MCS_MILL ，打开【MCS 铣削】对话框。在【机床坐标系】选区单击 按钮，打开【CSYS】对话框。单击【操控器】选区的 按钮，打开【点】对话框。在【类型】下拉列表中选择【控制点】选项，选取绘图区中的对角线，单击【确定】按钮，返回【CSYS】对话框，单击【确定】按钮，返回【MCS 铣削】对话框，完成图 5-6 所示的机床坐标系的创建。

步骤 05：设置安全高度。在【MCS 铣削】对话框中，选择【安全设置】区域，在【安全设置选项】下拉列表中选择【刨】选项，选取方块上表面，将【距离】的值改为 10。单击【MCS 铣削】对话框中的【确定】按钮，完成图 5-7 所示的安全平面的创建。

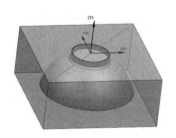

图 5-6　机床坐标系的创建

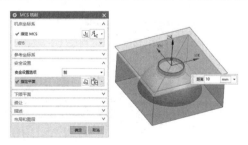

图 5-7　安全平面的创建

步骤 06：创建几何体。在工序导航器中单击 MCS_MILL 前的"＋"号，展开坐标系父节点，双击其下的 WORKPIECE，打开【工件】对话框，如图 5-8 所示。单击 按钮，打开【部件几何体】对话框，在绘图区选择圆口碗模型作为部件几何体。

步骤 07：创建毛坯几何体。单击【确定】按钮，返回【工件】对话框。单击⊕按钮，打开【毛坯几何体】对话框，如图 5-9 所示。在【类型】下拉列表中选择【包容块】选项，限制参数如图 5-9 所示。

说明：在毛坯几何体中的包容块的限制中，【ZM-】文本框中输入 12.2479 是为了能够对应之前建立的方块厚度。

图 5-8　【工件】对话框　　　　　　　　图 5-9　【毛坯几何体】对话框

说明：选择部件几何体时不要把方块选中，可按 Ctrl+B 快捷键将其隐藏。

步骤 08：创建刀具。选择【刀具】→【创建刀具】命令，打开【创建刀具】对话框，默认的【刀具子类型】为铣刀，在【名称】文本框中输入 D10，单击【应用】按钮，打开【铣刀-5 参数】对话框，如图 5-10 所示。在【直径】文本框中输入 10，单击【确定】按钮。选择【刀具】→【创建刀具】命令，打开【创建刀具】对话框，默认的【刀具子类型】为铣刀，在【名称】文本框中输入 B6，单击【应用】按钮，在打开的对话框中设置刀具参数，如图 5-11 所示。在【球直径】文本框中输入 6，单击【确定】按钮。打开工序导航器中的机床视图界面，如图 5-12 所示。

步骤 09：创建面铣工序。右击 MCS_MILL WORKPIECE ，弹出快捷菜单，选择【插入】→【工序】命令，打开【创建工序】对话框，如图 5-13 所示。在【类型】下拉列表中选择【mill_planar】选项，在【工序子类型】选区单击🔲按钮，在【位置】选区的【刀具】下拉列表中选择【D10（铣刀-5 参数）】选项，单击【确定】按钮，打开设置面铣参数对话框，如图 5-14 所示。

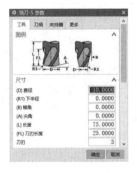

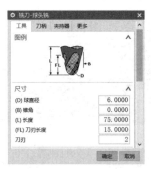

图 5-10　【铣刀-5 参数】对话框　　　　　图 5-11　设置刀具参数

图 5-12　工序导航器中的机床视图界面

图 5-13　【创建工序】对话框

图 5-14　设置面铣参数对话框

在【切削模式】下拉列表中选择【往复】选项，同时在【平面直径百分比】文本框中输入 65。

步骤 10：指定毛坯边界。在设置面铣参数对话框的【几何体】选区单击⊗按钮，打开【毛坯边界】对话框，如图 5-15 所示。毛坯边界选择方块上表面，如图 5-16 所示。

图 5-15　【毛坯边界】对话框

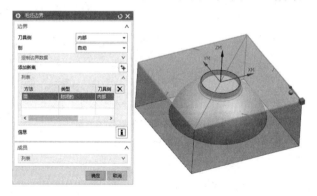

图 5-16　选择方块上表面

单击【确定】按钮，返回上个对话框。

说明：在设置面铣参数对话框中，单击▦按钮，在打开的对话框中切换至【策略】选项卡，在【切削】选区的【与 XC 的夹角】文本框中输入 90，目的是在加工过程中尽量使刀具从 Y 轴方向进刀。

步骤 11：设定进给率和主轴速度。单击 按钮，打开【进给率和速度】对话框。勾选【主轴速度】复选框，在其后的文本框中输入 4500。在【进给率】选区，将【切削】的值改为 2000，单击【主轴速度】后的 按钮进行自动计算，如图 5-17 所示。

单击【确定】按钮，返回上个对话框。

步骤 12：生成刀轨。单击 按钮，系统计算出铣平面（作为工件基准）的刀轨，如图 5-18 所示。

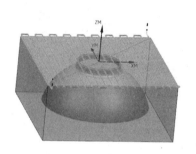

图 5-17　进给率和速度的参数设置　　　　图 5-18　铣平面（作为工件基准）的刀轨

5.3.2　下表面粗加工

步骤 01：创建型腔铣工序。右击 MCS_MILL WORKPIECE ，弹出快捷菜单，选择【插入】→【工序】命令，打开【创建工序】对话框，如图 5-19 所示。在【类型】下拉列表中选择【mill_contour】选项，在【工序子类型】选区单击 按钮，在【位置】选区的【刀具】下拉列表中选择【D10（铣刀-5 参数）】选项，单击【确定】按钮，打开设置型腔铣参数对话框，如图 5-20 所示。

图 5-19　【创建工序】对话框　　　　图 5-20　设置型腔铣参数对话框

在【切削模式】下拉列表中选择【跟随周边】选项，在【平面直径百分比】文本框中输入 50，并将每一刀的切削深度【最大距离】的值改为 1。

步骤 02：设定切削层。单击 按钮，打开【切削层】对话框。在【范围类型】下拉列表中选择【用户定义】选项，选取圆口碗模型底面，并将【范围深度】改为 43（总切削深度），如图 5-21 所示。

单击【确定】按钮，返回上个对话框。

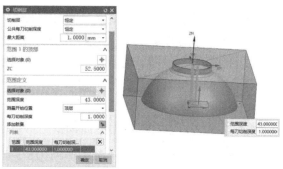

图 5-21　设定切削层

步骤 03：设定切削策略。单击 按钮，打开【切削参数】对话框。在【策略】选项卡的【切削顺序】下拉列表中选择【深度优先】选项，在【刀路方向】下拉列表中选择【向内】选项，勾选【岛清根】复选框，在【壁清理】下拉列表中选择【无】选项，如图 5-22 所示。

步骤 04：设定切削余量。在【余量】选项卡中，勾选【使底面余量与侧面余量一致】复选框，在【部件侧面余量】文本框中输入 0.1，在【毛坯余量】文本框中输入 10，如图 5-23 所示。

步骤 05：设定切削拐角。在【拐角】选项卡的【光顺】下拉列表中选择【所有刀路】选项，【半径】和【步距限制】为默认值，如图 5-24 所示，

图 5-22　设定切削策略

图 5-23　设定切削余量

图 5-24　设定切削拐角

单击【确定】按钮，返回上个对话框。

步骤 06：设定进刀参数。单击 按钮，打开【非切削移动】对话框，进刀、转移/快速和退刀的参数设置如图 5-25、图 5-26 和图 5-27 所示。

自动编程与综合加工实例

图 5-25　进刀的参数设置　　　图 5-26　转移/快速的参数设置　　　图 5-27　退刀的参数设置

切换至【起点/钻点】选项卡，起点/钻点的参数设置如图 5-28 所示。

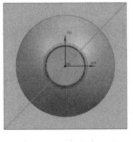

图 5-28　起点/钻点的参数设置

单击【确定】按钮，返回上个对话框。

步骤 07：设定进给率和主轴速度。单击按钮，打开图 5-29 所示的【进给率和速度】对话框。勾选【主轴速度】复选框，在其后的文本框中输入 3500。在【进给率】选区，将【切削】的值改为 2500，单击【主轴速度】后的按钮进行自动计算。

单击【确定】按钮，返回上个对话框。

步骤 08：生成刀轨。单击按钮，系统计算出下表面粗加工的刀轨，如图 5-30 所示。

图 5-29　【进给率和速度】对话框　　　图 5-30　下表面粗加工的刀轨

118

5.3.3　$\phi 37$ 圆底面精加工

步骤 01：创建底壁加工工序。右击 ^{MCS_MILL} WORKPIECE，弹出快捷菜单，选择【插入】→【工序】命令，打开【创建工序】对话框，如图 5-31 所示。在【类型】下拉列表中选择【mill_planar】选项，在【工序子类型】选区单击 按钮，在【位置】选区的【刀具】下拉列表中选择【D10（铣刀-5 参数）】选项，单击【确定】按钮，打开设置底壁加工参数对话框，如图 5-32 所示。

图 5-31　【创建工序】对话框

图 5-32　设置底壁加工参数对话框

在【切削模式】下拉列表中选择【跟随周边】选项，同时在【平面直径百分比】文本框中输入 65。

步骤 02：指定切削面。单击 按钮，打开【切削区域】对话框，在绘图区指定图 5-33 所示的切削面。

单击【确定】按钮，返回上个对话框。

图 5-33　指定切削面

步骤 03：设定切削余量。单击 按钮，打开【切削参数】对话框。在【余量】选项卡的【部件余量】文本框中输入 0.1，在【内公差】文本框与【外公差】文本框中输入 0.005，如图 5-34 所示。

单击【确定】按钮，返回上个对话框。

步骤 04：设定进刀参数。单击 按钮，打开【非切削移动】对话框。打开【进刀】选项卡，在【封闭区域】选区的【进刀类型】下拉列表中选择【与开放区域相同】选项。在【开放区域】选区的【进刀类型】下拉列表中选择【圆弧】选项，将【半径】的值改为 1，【高度】的值改为 1，【最小安全距离】的值改为 1，如图 5-35 所示。

图 5-34　设定切削余量

图 5-35　进刀的参数设置

单击【确定】按钮，返回上个对话框。

步骤 05：设定进给率和主轴速度。单击 按钮，打开【进给率和速度】对话框。勾选【主轴速度】复选框，在其后的文本框中输入 4500。在【进给率】选区，将【切削】的值改为 1500，单击【主轴速度】后的 按钮进行自动计算，如图 5-36 所示。

单击【确定】按钮，返回上个对话框。

步骤 06：生成刀轨。单击 按钮，系统计算出 φ37 圆底面精加工的刀轨，如图 5-37 所示。

图 5-36　进给率和速度的参数设置

图 5-37　φ37 圆底面精加工的刀轨

5.3.4　φ37 圆底侧面精加工

步骤 01：创建深度轮廓加工工序。右击 MCS_MILL WORKPIECE，弹出快捷菜单，选择【插入】→【工序】命令，打开【创建工序】对话框，如图 5-38 所示。在【类型】下拉列表中选择【mill_contour】选项，在【工序子类型】选区单击 按钮，在【位置】选区的【刀具】下拉列表中选择【D10（铣刀-5 参数）】选项，单击【确定】按钮，打开设置深度轮廓加工参数对话框，如图 5-39 所示。将每一刀的切削深度【最大距离】的值改为 0。

图 5-38　【创建工序】对话框

图 5-39　设置深度轮廓加工参数对话框

步骤 02：指定切削面。单击 按钮，打开【切削区域】对话框，在绘图区指定图 5-40 所示的切削面。

图 5-40　指定切削面

单击【确定】按钮，返回上个对话框。

步骤 03：设定切削余量。单击 按钮，打开【切削参数】对话框。在【余量】选项卡中，勾选【使底面余量与侧面余量一致】复选框，在【内公差】文本框与【外公差】文本框中输入 0.01，如图 5-41 所示。

单击【确定】按钮，返回上个对话框。

步骤 04：设定重叠距离。单击 按钮，打开【非切削移动】对话框。打开【起点/钻点】选项卡，将【重叠距离】的值改为 5，如图 5-42 所示。

单击【确定】按钮，返回上个对话框。

步骤 05：设定进给率和主轴速度。单击 按钮，打开【进给率和速度】对话框。勾选【主轴速度】复选框，在其后的文本框中输入 4500。在【进给率】选区，将【切削】的值改为 1500，单击【主轴速度】后的 按钮进行自动计算，如图 5-43 所示。

图 5-41　设定切削余量　　　　　　　　图 5-42　起点/钻点的参数设置

单击【确定】按钮，返回上个对话框。

步骤 06：生成刀轨。单击▶按钮，系统计算出 φ37 圆底侧面精加工的刀轨，如图 5-44 所示。

图 5-43　进给率和速度的参数设置　　　　图 5-44　φ37 圆底侧面精加工的刀轨

5.3.5　曲面精加工

步骤 01：创建深度轮廓加工工序。右击 ⌖ MCS_MILL ⌖ WORKPIECE，弹出快捷菜单，选择【插入】→【工序】命令，打开【创建工序】对话框，如图 5-45 所示。在【类型】下拉列表中选择【mill_contour】选项，在【工序子类型】选区单击 按钮，在【位置】选区的【刀具】下拉列表中选择【B6（铣刀-球头铣）】选项，单击【确定】按钮，打开设置深度轮廓加工参数对话框，如图 5-46 所示。

步骤 02：指定切削面。单击 按钮，打开【切削区域】对话框，在绘图区指定如图 5-47 所示的切削面。

图 5-45　【创建工序】对话框　　　　图 5-46　设置深度轮廓加工参数对话框

图 5-47　指定切削面

单击【确定】按钮，返回上个对话框。

说明：在绘图区指定切削面时，上表面的平坦面不用选中。

步骤 03：设定切削层。单击 按钮，打开【切削层】对话框，选取圆口碗模型底面，将【范围深度】改为 41.5，切削范围如图 5-48 所示。

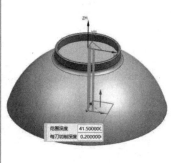

图 5-48　设定切削层

单击【确定】按钮，返回上个对话框。

步骤04：设定切削策略。单击⊜按钮，打开【切削参数】对话框。在【连接】选项卡的【层之间】选区的【层到层】下拉列表中选择【沿部件斜进刀】选项，在【斜坡角】文本框中输入1，如图5-49所示。切换至【余量】选项卡，勾选【使底面余量与侧面余量一致】复选框，在【内公差】文本框与【外公差】文本框中输入0.01，如图5-50所示。

图5-49 连接的参数设置

图5-50 设定切削余量

单击【确定】按钮，返回上个对话框。

步骤05：设定进刀参数。单击⊜按钮，打开【非切削移动】对话框。打开【进刀】选项卡，在【封闭区域】选区的【进刀类型】下拉列表中选择【插削】选项，将【高度】的值改为3。在【开放区域】选区的【进刀类型】下拉列表中选择【无】选项，如图5-51所示。切换至【转移/快速】选项卡，在【区域之间】选区的【转移类型】下拉列表中选择【前一平面】选项，将【安全距离】的值改为1。在【区域内】选区的【转移方式】下拉列表中选择【进刀/退刀】选项，将【安全距离】的值改为1，如图5-52所示。

图5-51 进刀的参数设置

图5-52 转移/快速的参数设置

单击【确定】按钮，返回上个对话框。

步骤 06：设定进给率和主轴速度。单击 按钮，打开【进给率和速度】对话框。勾选【主轴速度】复选框，在其后的文本框中输入 4500。在【进给率】选区，将【切削】的值改为 2000，单击【主轴速度】后的 按钮进行自动计算，如图 5-53 所示。

单击【确定】按钮，返回上个对话框。

步骤 07：生成刀轨。单击 按钮，系统计算出曲面精加工的刀轨，如图 5-54 所示。

图 5-53　进给率和速度的参数设置

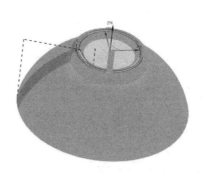

图 5-54　曲面精加工的刀轨

5.3.6　调头装夹

步骤 01：创建反面加工坐标系。右击 ，弹出快捷菜单，选择【插入】→【几何体】命令，打开【创建几何体】对话框，单击【确定】按钮，打开【MCS】对话框。单击 按钮，打开【CSYS】对话框，双击 Z 轴上的箭头，使其反向，单击【确定】按钮，返回【MCS】对话框，选择【安全设置】区域，在【安全设置选项】下拉列表中选择【刨】选项，选取方块下表面，将【安全距离】的值改为 10，单击【MCS】对话框中的【确定】按钮。下表面加工坐标系的建立如图 5-55 所示。

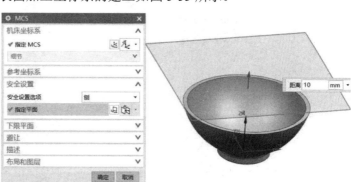

图 5-55　下表面加工坐标系的建立

步骤 02：创建部件几何体。在几何视图中右击 🞂MCS　　　　，弹出快捷菜单，选择【插入】→【几何体】命令，打开【创建几何体】对话框，如图 5-56 所示。在【几何体子类型】选区单击 🗐 按钮，单击【确定】按钮。工序导航器中的几何视图界面如图 5-57 所示。

图 5-56　【创建几何体】对话框　　　　图 5-57　工序导航器中的几何视图界面

5.3.7　内表面粗加工

步骤 01：创建型腔铣工序。右击 🞂MCS_MILL　　　　，弹出快捷菜单，选择【插入】→【工序】
　　　🞂 WORKPIECE
命令，打开【创建工序】对话框，如图 5-58 所示。在【类型】下拉列表中选择【mill_contour】选项，在【工序子类型】选区单击 🗐 按钮，在【位置】选区的【刀具】下拉列表中选择【D10（铣刀-5 参数）】选项，单击【确定】按钮，打开设置型腔铣参数对话框，如图 5-59 所示。

图 5-58　【创建工序】对话框　　　　图 5-59　设置型腔铣参数对话框

在【切削模式】下拉列表中选择【跟随周边】选项，在【平面直径百分比】文本框中输入 65，并将每一刀的切削深度【最大距离】的值改为 0.5。

步骤 02：指定切削面。单击▲按钮，打开【切削区域】对话框，在绘图区指定图 5-60 所示的切削面。

单击【确定】按钮，返回上个对话框。

步骤 03：设定切削策略。单击▦按钮，打开【切削参数】对话框。在【策略】选项卡的【切削顺序】下拉列表中选择【深度优先】选项，在【刀路方向】下拉列表中选择【向外】选项，勾选【岛清根】复选框，在【壁清理】下拉列表中选择【无】选项，如图 5-61 所示。

图 5-60　指定切削面

步骤 04：设定切削余量。在【切削参数】对话框中，打开【余量】选项卡，勾选【使底面余量与侧面余量一致】复选框，在【部件侧面余量】文本框中输入 0.1，如图 5-62 所示。

步骤 05：设定切削拐角。在【拐角】选项卡的【光顺】下拉列表中选择【所有刀路】选项，【半径】和【步距限制】为默认值，如图 5-63 所示。

图 5-61　设定切削策略　　　图 5-62　设定切削余量　　　图 5-63　设定切削拐角

单击【确定】按钮，返回上个对话框。

步骤 06：设定进刀参数。单击▦按钮，打开【非切削移动】对话框。进刀、转移/快速的参数设置如图 5-64 和图 5-65 所示。

图 5-64　进刀的参数设置

图 5-65　转移/快速的参数设置

单击【确定】按钮，返回上个对话框。

步骤 07：设定进给率和主轴速度。单击 按钮，打开【进给率和速度】对话框。勾选【主轴速度】复选框，在其后的文本框中输入 4500。在【进给率】选区，将【切削】的值改为 3000，单击【主轴速度】后的 按钮进行自动计算，如图 5-66 所示。

单击【确定】按钮，返回上个对话框。

步骤 08：生成刀轨。单击 按钮，系统计算出内表面粗加工的刀轨，如图 5-67 所示。

图 5-66　进给率和速度的参数设置

图 5-67　内表面粗加工的刀轨

5.3.8　内底面精加工

步骤 01：创建底壁加工工序。右击 MCS_MILL WORKPIECE ，弹出快捷菜单，选择【插入】→【工序】命令，打开【创建工序】对话框，如图 5-68 所示。在【类型】下拉列表中选择【mill_planar】选项，在【工序子类型】选区单击 按钮，在【位置】选区的【刀具】下拉列表中选择【D10（铣刀-5 参数）】选项，单击【确定】按钮，打开设置底壁加工参数对话框，如图 5-69 所示。

128

图 5-68 【创建工序】对话框

图 5-69 设置底壁加工参数对话框

在【切削模式】下拉列表中选择【跟随周边】选项，同时在【平面直径百分比】文本框中输入 75。

步骤 02：指定切削面。单击 按钮，打开【切削区域】对话框。在绘图区指定图 5-70 所示的切削面。

图 5-70 指定切削面

单击【确定】按钮，返回上个对话框。

步骤 03：设定进刀参数。单击 按钮，打开【非切削移动】对话框。打开【进刀】选项卡，在【封闭区域】选区的【进刀类型】下拉列表中选择【插削】选项，其他参数采用默认设置，如图 5-71 所示。

单击【确定】按钮，返回上个对话框。

步骤 04：设定进给率和主轴速度。单击 按钮，打开【进给率和速度】对话框。勾选【主轴速度】复选框，在其后的文本框中输入 4500。在【进给率】选区，将【切削】的值改为 1000，单击【主轴速度】后的 按钮进行自动计算，如图 5-72 所示。

单击【确定】按钮，返回上个对话框。

步骤 05：生成刀轨。单击 按钮，系统计算出内底面精加工的刀轨，如图 5-73 所示。

图 5-71　进刀的参数设置　　　图 5-72　进给率和速度的参数设置

图 5-73　内底面精加工的刀轨

5.3.9　底平面半精加工

步骤 01：创建平面铣工序。右击  MCS_MILL WORKPIECE ，弹出快捷菜单，选择【插入】→【工序】命令，打开【创建工序】对话框，如图 5-74 所示。在【类型】下拉列表中选择【mill_planar】选项，在【工序子类型】选区单击 按钮，在【位置】选区的【刀具】下拉列表中选择【D10（铣刀-5 参数）】选项，单击【确定】按钮，打开设置平面铣参数对话框，如图 5-75 所示。将每一刀的切削深度【最大距离】的值改为 0.1，在【附加刀路】文本框中输入 2。

图 5-74　【创建工序】对话框　　　图 5-75　设置平面铣参数对话框

步骤 02：指定曲线边界。单击█按钮，打开【边界几何体】对话框。在【模式】下拉列表中选择【曲线/边】选项，打开【编辑边界】对话框，指定图 5-76 所示的曲线边界。

图 5-76　指定曲线边界

单击两次【确定】按钮，返回设置平面铣参数对话框。

说明：在【创建边界】对话框中，应选择材料侧外部。

步骤 03：创建底面。单击█按钮，打开【刨】对话框，完成图 5-77 所示的底面创建。

单击【确定】按钮，返回上个对话框。

步骤 04：设定切削余量。单击█按钮，打开【切削参数】对话框。打开【余量】选项卡，在【部件余量】文本框中输入-0.5，如图 5-78 所示。

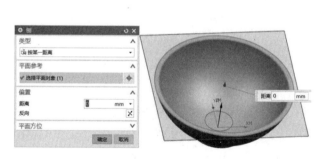

图 5-77　底面创建

图 5-78　设定切削余量

单击【确定】按钮，返回上个对话框。

步骤 05：设定进给率和主轴速度。单击█按钮，打开【进给率和速度】对话框。勾选【主轴速度】复选框，在其后的文本框中输入 4500。在【进给率】选区，将【切削】的值改为 1500，单击【主轴速度】后的█按钮进行自动计算，如图 5-79 所示。

单击【确定】按钮，返回上个对话框。

步骤 06：生成刀轨。单击█按钮，系统计算出底平面半精加工的刀轨，如图 5-80 所示。

图 5-79　进给率和速度的参数设置　　图 5-80　底平面半精加工的刀轨

5.3.10　上表面外侧曲面精加工

步骤 01：创建深度轮廓加工工序。右击 MCS_MILL WORKPIECE ，弹出快捷菜单，选择【插入】→【工序】命令，打开【创建工序】对话框，如图 5-81 所示。在【类型】下拉列表中选择【mill_contour】选项，在【工序子类型】选区单击 按钮，在【位置】选区的【刀具】下拉列表中选择【B6（铣刀-球头铣）】选项，单击【确定】按钮，打开设置深度轮廓加工参数对话框，如图 5-82 所示。将每一刀的切削深度【最大距离】的值改为 0.2。

图 5-81　【创建工序】对话框　　图 5-82　设置深度轮廓加工参数对话框

步骤 02：指定切削面。单击 按钮，打开【切削区域】对话框，在绘图区指定图 5-83 所示的切削面。

图 5-83　指定切削面

单击【确定】按钮，返回上个对话框。

步骤 03：设定切削策略。单击▥按钮，打开【切削参数】对话框。打开【连接】选项卡，在【层之间】选区的【层到层】下拉列表中选择【沿部件斜进刀】选项，在【斜坡角】文本框中输入 1，如图 5-84 所示。切换至【余量】选项卡，勾选【使底面余量与侧面余量一致】复选框，在【内公差】文本框与【外公差】文本框中输入 0.01，如图 5-85 所示。

图 5-84　设定切削连接

图 5-85　设定切削余量

单击【确定】按钮，返回上个对话框。

步骤 04：设定进刀参数。单击▥按钮，打开【非切削移动】对话框。进刀和转移/快速的参数设置如图 5-86 和图 5-87 所示。

图 5-86　进刀的参数设置

图 5-87　转移/快速的参数设置

单击【确定】按钮，返回上个对话框。

步骤 05：设定进给率和主轴速度。单击 按钮，打开【进给率和速度】对话框。勾选【主轴速度】复选框，在其后的文本框中输入 4500。在【进给率】选区，将【切削】的值改为 2000，单击【主轴速度】后的 按钮进行自动计算，如图 5-88 所示。

单击【确定】按钮，返回上个对话框。

步骤 06：生成刀轨。单击 按钮，系统计算出上表面外侧曲面精加工的刀轨，如图 5-89 所示。

图 5-88　进给率和速度的参数设置

图 5-89　上表面外侧曲面精加工的刀轨

5.3.11　底平面精加工

步骤 01：创建平面铣工序。右击 MCS_MILL WORKPIECE ，弹出快捷菜单，选择【插入】→【工序】命令，打开【创建工序】对话框，如图 5-90 所示。在【类型】下拉列表中选择【mill_planar】选项，在【工序子类型】选区单击 按钮，在【位置】选区的【刀具】下拉列表中选择【D10（铣刀-5 参数）】选项，单击【确定】按钮，打开设置平面铣参数对话框，如图 5-91 所示。将每一刀的切削深度【最大距离】的值改为 0.1，在【附加刀路】文本框中输入 30。

图 5-90　【创建工序】对话框

图 5-91　设置平面铣参数对话框

步骤 02：指定曲线边界。单击 按钮，打开【边界几何体】对话框。在【模式】下拉
列表中选择【曲线/边】选项，打开【编辑边界】对话框，指定图 5-92 所示的曲线边界。

图 5-92　指定曲线边界

单击两次【确定】按钮，返回设置平面铣参数对话框。

说明：在【创建边界】对话框中，应选择材料侧外部。

步骤 03：创建底面。单击 按钮，打开【刨】对话框，完成图 5-93 所示的底面创建。

图 5-93　底面创建

单击【确定】按钮，返回上个对话框。

步骤 04：设定切削余量。单击 按钮，打开【切
削参数】对话框。在【余量】选项卡的【部件余量】
文本框中输入-0.5，如图 5-94 所示。

单击【确定】按钮，返回上个对话框。

步骤 05：设定进给率和主轴速度。单击 按钮，
打开【进给率和速度】对话框。勾选【主轴速度】复
选框，在其后的文本框中输入 4500。在【进给率】选
区，将【切削】的值改为 1500，单击【主轴速度】后
的 按钮进行自动计算，如图 5-95 所示。

单击【确定】按钮，返回上个对话框。

步骤 06：生成刀轨。单击 按钮，系统计算出底
平面精加工的刀轨，如图 5-96 所示。

图 5-94　设定切削余量

135

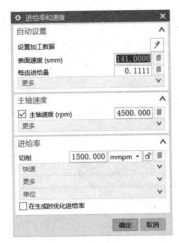

图 5-95　进给率和速度的参数设置

图 5-96　底平面精加工的刀轨

第6章

手机支架的自动编程与综合加工

【内容】

本章通过手机支架的加工实例，运用 UG 加工模块的面铣、型腔铣、深度轮廓加工命令综合编程，进一步学习复杂工件模型加工工序安排。

【实例】

手机支架的自动编程与综合加工。

【目的】

通过手机支架的实例讲解，使读者进一步熟悉和掌握较复杂工件的多工序加工方法及其参数设置方法。

6.1　实例导入

手机支架模型如图 6-1 所示。

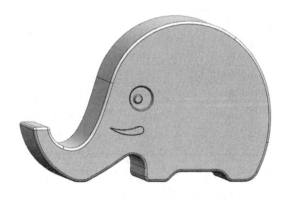

图 6-1　手机支架模型

依据工件的特征，通过型腔铣、深度轮廓加工、面铣综合加工对其进行相应的操作。本例要求使用综合加工方法对工件各表面的尺寸、形状、表面粗糙度等参数按要求加工。

6.2 工艺分析

本例是一个手机支架的编程实例，材料选用 100mm×100mm×40mm 的 7075 型铝块作为加工毛坯，使用平口虎钳装夹毛坯时一定要预留出 29mm 以上的高度（以防刀具铣到平口虎钳）。在加工过程中，首先采用【使用边界面铣削】铣削出一个光整平面作为工件上表面的基准平面，刀具 Z 轴方向以此平面为基准并在调头装夹时作为下表面基准。然后采用【型腔铣】粗加工，去除多余的毛坯余量。并采用【深度轮廓加工】进行工件上表面精加工，使尺寸达到要求并保证加工精度。完成工件上表面的所有加工工序后，调头装夹时应充分利用已加工面，使之作为基准面，对刀时采用垫块+滚刀的方式，保证Z 轴方向的对刀尺寸，调头装夹后采用【使用边界面铣削】铣去毛坯上表面加工时的多余部分。最后采用【使用边界面铣削】和【深度轮廓加工】进行工件下表面精加工。加工工艺方案制定如表 6-1 所示。

表 6-1　加工工艺方案制定

工序号	加工内容	加工方式	侧面/底面余量	机床	刀具	夹具
1	铣平面（作为工件基准）	面铣	0mm	铣床	D10 铣刀	平口虎钳
2	上表面粗加工	型腔铣	0.2mm	铣床	D10 铣刀	平口虎钳
3	上平面精加工	面铣	0mm	铣床	D10 铣刀	平口虎钳
4	外侧壁精加工	深度轮廓加工	0mm	铣床	D8R0.5 铣刀	平口虎钳
5	圆角精加工	深度轮廓加工	0mm	铣床	D8R0.5 铣刀	平口虎钳
6	眼部圆角粗加工	型腔铣	0.1mm	铣床	D1 铣刀	平口虎钳
7	眼部底平面精加工	面铣	0mm	铣床	D1 铣刀	平口虎钳
8	眼部圆角精加工	深度轮廓加工	0mm	铣床	D1R0.5 铣刀	平口虎钳
9	调头装夹			铣床		平口虎钳
10	去余量	面铣	0.2mm	铣床	D10 铣刀	平口虎钳
11	底面精加工	面铣	0mm	铣床	D10 铣刀	平口虎钳
12	下表面粗加工	型腔铣	0.2mm	铣床	D10 铣刀	平口虎钳
13	下平面精加工	面铣	0mm	铣床	D10 铣刀	平口虎钳
14	反面圆角精加工	深度轮廓加工	0mm	铣床	D8R0.5 铣刀	平口虎钳
15	反面眼部圆角粗加工	型腔铣	0.1mm	铣床	D1 铣刀	平口虎钳
16	反面眼部底平面精加工	面铣	0mm	铣床	D1 铣刀	平口虎钳
17	反面眼部圆角精加工	深度轮廓加工	0mm	铣床	D1R0.5 铣刀	平口虎钳

6.3 自动编程

6.3.1 加工夹具

由于在加工手机支架时无法利用平口虎钳对其进行有效装夹。因此，设计了一个简易的夹具便于加工时对手机支架进行有效装夹。手机支架与夹具装配组合如图 6-2 所示。

步骤 01：导入工件。单击⊙按钮，打开【打开】对话框，选择资料包中的 jiaju.prt 文件，单击【OK】按钮。

建模环境中创建方块：选择【启动】→【建模】命令（或按 Ctrl+M 快捷键），在【命令查找器】中输入"创建方块"，打开【命令查找器】对话框，单击▣按钮，打开【创建方块】对话框。在绘图区框选工件并将【设置】选区的【间隙】的值改为 0。单击▣按钮，或选择【插入】→【同步建模】→【偏置区域】命令，进入对话框后选中方块的四个侧面，在设置偏置距离时，需要注意偏置方向。由于工件是个长方体而不是正方体，所以要用两次偏置将其偏置到接近 80mm×80mm×15mm 的一个方块。选择【直线】命令，或选择【插入】→【曲线】→【直线】命令，单击方块对角点生成对角线，如图 6-3 所示。

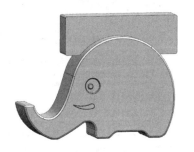
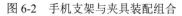

图 6-2　手机支架与夹具装配组合　　　　　图 6-3　生成对角线

步骤 02：设置初始化加工环境。选择【启动】→【加工】命令进入加工模块，进行 CAM 设置，如图 6-4 所示。

选择【mill_planar】选项，单击【确定】按钮后进入加工环境。

步骤 03：设置几何视图。单击界面左侧资源条中的 按钮，打开【工序导航器】对话框，选择【工序导航器】→【几何视图】命令，打开工序导航器中的几何视图界面，如图 6-5 所示。

图 6-4　CAM 设置　　　　　　　图 6-5　工序导航器中的几何视图界面

步骤 04：设置加工坐标系。在【MCS 铣削】对话框中，单击【机床坐标系】选区的 按钮，打开【CSYS】对话框。单击【操控器】选区的 按钮，打开【点】对话框。在【类型】下拉列表中选择【控制点】选项，单击直线中间区域即可设定 UG 加工坐标系，如图 6-6 所示。

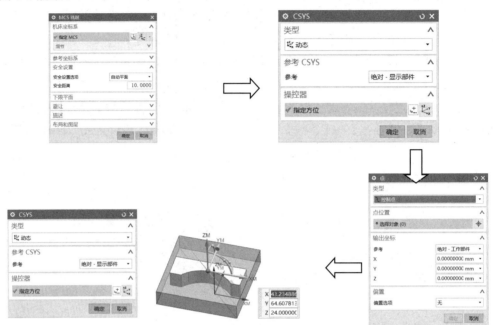

图 6-6　UG 加工坐标系的设定

单击【确定】按钮，完成加工坐标系的设定。

步骤 05：创建几何体。在工序导航器中单击 MCS_MILL 前的"＋"号，展开坐标系父节点，双击其下的 WORKPIECE，打开【工件】对话框，如图 6-7 所示。单击 按钮，打开【部件几何体】对话框，在绘图区选择夹具模型作为部件几何体。

步骤 06：创建毛坯几何体。单击【确定】按钮，返回【工件】对话框，单击 按钮，打开【毛坯几何体】对话框，如图 6-8 所示。在【类型】下拉列表中选择【几何体】选项，单击【选择对象】按钮，选择已创建的方块。

图 6-7　【工件】对话框

图 6-8　【毛坯几何体】对话框

步骤 07：创建刀具。选择【刀具】→【创建刀具】命令，打开【创建刀具】对话框，默认的【刀具子类型】为铣刀，在【名称】文本框中输入 D10，如图 6-9 所示。单击【应用】按钮，打开【铣刀-5 参数】对话框，在【直径】文本框中输入 10，如图 6-10 所示。

图 6-9　输入 D10

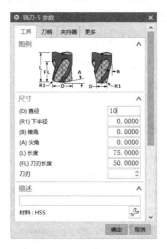

图 6-10　输入 10

步骤 08：创建面铣工序。右击 MCS_MILL WORKPIECE ，弹出快捷菜单，选择【插入】→【工序】命令，打开【创建工序】对话框，如图 6-11 所示。在【类型】下拉列表中选择【mill_planar】选项，在【工序子类型】选区单击 按钮，单击【确定】按钮，打开设置面铣参数对话框，如图 6-12 所示。

图 6-11　【创建工序】对话框

图 6-12　设置面铣参数对话框

在【切削模式】下拉列表中选择【往复】选项，同时在【平面直径百分比】文本框中输入 50。

步骤 09：指定毛坯边界。单击 按钮，打开【毛坯边界】对话框，如图 6-13 所示。毛坯边界选择方块上表面，如图 6-14 所示。

单击【确定】按钮，返回上个对话框。

步骤 10：修改切削参数。单击 按钮，打开【切削参数】对话框。打开【策略】选项卡，如图 6-15 所示，在【切削】选区的【与 XC 的夹角】文本框中输入 90。打开【余量】选项卡，如图 6-16 所示，在【毛坯余量】文本框中输入 3。

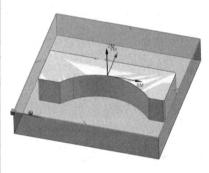

图 6-13　【毛坯边界】对话框　　　　　　　图 6-14　选择方块上表面

图 6-15　【策略】选项卡　　　　　　　　　图 6-16　【余量】选项卡

单击【确定】按钮，返回上个对话框。

步骤 11：设定进给率和主轴速度。单击 按钮，打开【进给率和速度】对话框，如图 6-17 所示。勾选【主轴速度】复选框，并在其后的文本框中输入 3500。在【进给率】选区，将【切削】的值改为 2500，单击【主轴速度】后的 按钮进行自动计算。

单击【确定】按钮，返回上个对话框。

步骤 12：生成刀轨。单击 按钮，系统自动计算出面铣的刀轨，如图 6-18 所示。

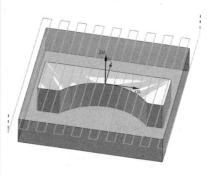

图 6-17　【进给率和速度】对话框

图 6-18　面铣的刀轨

6.3.2　夹具粗加工

步骤 01：创建型腔铣工序。右击 MCS_MILL WORKPIECE ，弹出快捷菜单，选择【插入】→【工序】命令，打开【创建工序】对话框，如图 6-19 所示。在【类型】下拉列表中选择【mill_contour】选项，在【工序子类型】选区单击 按钮，单击【确定】按钮，打开设置型腔铣参数对话框，如图 6-20 所示。在【切削模式】下拉列表中选择【跟随周边】选项，在【平面直径百分比】文本框中输入 65，并将每一刀的切削深度【最大距离】的值改为 1。

图 6-19　【创建工序】对话框

图 6-20　设置型腔铣参数对话框

步骤 02：设定切削层。单击 按钮，打开【切削层】对话框。在【范围类型】下拉列表中选择【单个】选项。选取夹具模型底面，并将【范围深度】的值改为16（总切削深度），如图 6-21 所示。

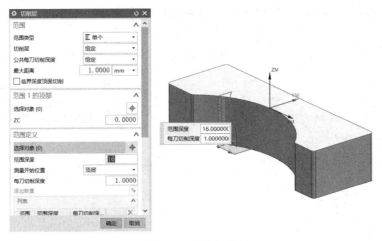

图 6-21　设定切削层

单击【确定】按钮，返回上个对话框。

步骤 03：设定切削策略。单击量按钮，打开【切削参数】对话框。在【策略】选项卡的【切削顺序】下拉列表中选择【深度优先】选项，在【刀路方向】下拉列表中选择【向内】选项，在【壁清理】下拉列表中选择【无】选项，如图 6-22 所示。

步骤 04：设定切削余量。在【切削参数】对话框中，打开【余量】选项卡，勾选【使底面余量与侧面余量一致】复选框，在【部件侧面余量】文本框中输入 0.2。在【公差】选区，在【内公差】文本框和【外公差】文本框中输入 0.05，如图 6-23 所示。

步骤 05：设定切削拐角。在【切削参数】对话框中，打开【拐角】选项卡，在【光顺】下拉列表中选择【所有刀路】选项，将【半径】的值改为1，如图 6-24 所示。

图 6-22　设定切削策略　　　图 6-23　设定切削余量　　　图 6-24　设定切削拐角

单击【确定】按钮，返回上个对话框。

步骤 06：设定进刀参数。单击▢按钮，打开【非切削移动】对话框。进刀、转移/快速的参数设置如图 6-25 和图 6-26 所示。打开【退刀】选项卡，在【退刀类型】下拉列表中选择【抬刀】选项，将【高度】的值改为 1，如图 6-27 所示。起点/钻点的参数设置如图 6-28 所示。

图 6-25　进刀的参数设置　　　图 6-26　转移/快速的参数设置　　　图 6-27　退刀的参数设置

单击【确定】按钮，返回上个对话框。

步骤 07：设定进给率和主轴速度。单击▤按钮，打开【进给率和速度】对话框，如图 6-29 所示。勾选【主轴速度】复选框，在其后的文本框中输入 3500。在【进给率】选区，将【切削】的值改为 2500，单击【主轴速度】后的▣按钮进行自动计算。

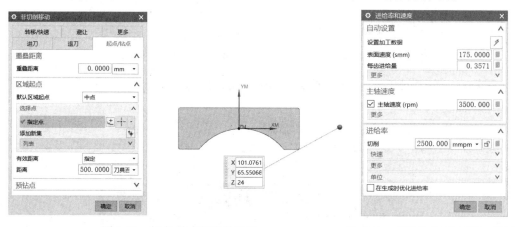

图 6-28　起点/钻点的参数设置　　　　图 6-29　【进给率和速度】对话框

单击【确定】按钮，返回上个对话框。

步骤 08：生成刀轨。单击▶按钮，系统计算出夹具粗加工的刀轨，如图 6-30 所示。

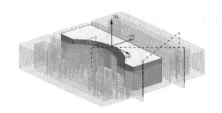

图 6-30　夹具粗加工的刀轨

6.3.3　夹具精加工

使用深度轮廓加工工序去除上一道工序留下的加工余量。

步骤 01：创建深度轮廓加工工序。右击 `MCS_MILL` `WORKPIECE`，弹出快捷菜单，选择【插入】→【工序】命令，打开【创建工序】对话框，如图 6-31 所示。在【类型】下拉列表中选择【mill_contour】选项，在【工序子类型】选区单击按钮，单击【确定】按钮，打开设置深度轮廓加工参数对话框，如图 6-32 所示。将每一刀的切削深度【最大距离】的值改为 0。

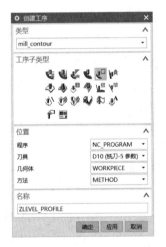

图 6-31　【创建工序】对话框

图 6-32　设置深度轮廓加工参数对话框

步骤 02：指定切削面。单击按钮，打开【切削区域】对话框，在绘图区指定图 6-33 所示的切削面。

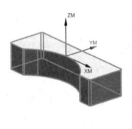

图 6-33　指定切削面

单击【确定】按钮，返回上个对话框。

步骤 03：设定进刀参数。单击▣按钮，打开【非切削移动】对话框。将【起点/钻点】选项卡中【重叠距离】的值改为 1，将指定点选择为端点，如图 6-34 所示。

单击【确定】按钮，返回上个对话框。

步骤 04：设定进给率和主轴速度。单击▣按钮，打开【进给率和速度】对话框。勾选【主轴速度】复选框，在其后的文本框中输入 7000。在【进给率】选区，将【切削】的值改为 500，单击【主轴速度】后的▣按钮进行自动计算，如图 6-35 所示。

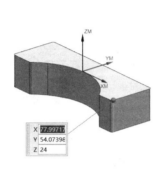

图 6-34　起点/钻点的参数设置　　　　图 6-35　进给率和速度的参数设置

单击【确定】按钮，返回上个对话框。

步骤 05：生成刀轨。单击▣按钮，系统计算出夹具精加工的刀轨，如图 6-36 所示。

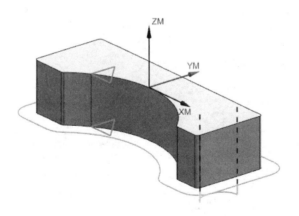

图 6-36　夹具精加工的刀轨

6.3.4　调头装夹（1）

步骤 01：创建反面加工坐标系。右击 MCS_MILL WORKPIECE，弹出快捷菜单，选择【插入】→【几何体】→【创建几何体】命令，打开【创建几何体】对话框。单击【确定】按钮，打开【MCS】对话框，单击【机床坐标系】选区的▣按钮，打开【CSYS】对话框。在【CSYS】

对话框中，双击 Z 轴上的箭头使其反向，单击【确定】按钮，即可创建反面加工坐标系，如图 6-37 所示。

步骤 02：完成几何视图设置。在【工序导航器-几何】菜单中右击 MCS，弹出快捷菜单，选择【插入】→【几何体】命令，打开【创建几何体】对话框，如图 6-38 所示。在【几何体子类型】选区单击按钮，单击【确定】按钮。工序导航器中的几何视图界面如图 6-39 所示。

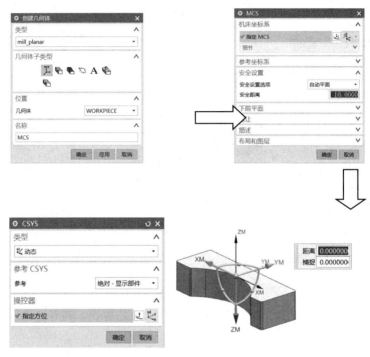

图 6-37　创建反面加工坐标系

图 6-38　【创建几何体】对话框

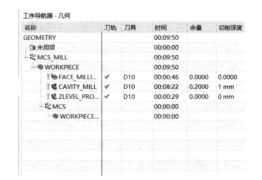

图 6-39　工序导航器中的几何视图界面

6.3.5　去余量

步骤 01：创建面铣工序。右击 ，弹出快捷菜单，选择【插入】→【工序】
命令，打开【创建工序】对话框，如图 6-40 所示。在【类型】下拉列表中选择【mill_planar】
选项，在【工序子类型】选区单击 按钮，单击【确定】按钮，打开设置面铣参数对话框，
如图 6-41 所示。在【切削模式】下拉列表中选择【跟随周边】选项，在【步距】下拉列
表中选择【恒定】选项，将【最大距离】的值改为 1。

图 6-40　【创建工序】对话框　　　　　　　　图 6-41　设置面铣参数对话框

步骤 02：指定毛坯边界。单击 按钮，打开【毛坯边界】对话框，如图 6-42 所示。
毛坯边界选择方块下表面，如图 6-43 所示。

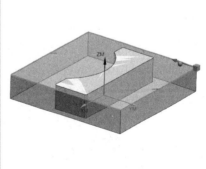

图 6-42　【毛坯边界】对话框　　　　　　　　图 6-43　选择方块下表面

单击【确定】按钮，返回上个对话框。

步骤 03：修改切削参数。单击 按钮，打开【切削参数】对话框。打开【策略】选项卡，

如图 6-44 所示，在【切削】选区的【刀路方向】下拉列表中选择【向内】选项，勾选【岛清根】复选框。切换至【余量】选项卡，如图 6-45 所示，在【毛坯余量】文本框中输入 3。

单击【确定】按钮，返回上个对话框。

步骤 04：设定进给率和主轴速度。单击 ✿ 按钮，打开【进给率和速度】对话框。勾选【主轴速度】复选框，在其后的文本框中输入 4000。在【进给率】选区，将【切削】的值改为 2000，如图 6-46 所示。

图 6-44 【策略】选项卡

图 6-45 【余量】选项卡

单击【确定】按钮，返回上个对话框。

步骤 05：生成刀轨。单击 ▦ 按钮，系统计算出面铣的刀轨，如图 6-47 所示。

图 6-46 【进给率和速度】对话框

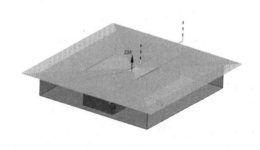

图 6-47 面铣的刀轨

6.3.6 铣平面（作为工件基准）

步骤 01：导入工件。单击 📂 按钮，打开【打开】对话框，选择资料包中的 shoujizhijia.stp

文件，单击【OK】按钮。进入建模环境，打开【文件】菜单，选择【首选项】命令下的【用户界面】，打开【用户界面首选项】对话框，单击左侧的【布局】，选择【用户界面环境】下的【经典工具条】，单击【确定】按钮。为创建方块，选择【启动】→【建模】命令，在【命令查找器】中输入"创建方块"，打开【命令查找器】对话框，单击 ▣ 按钮，打开【创建方块】对话框，如图 6-48 所示。

在绘图区框选工件，并将【设置】选区的【间隙】的值改为 0。为工件创建方块和对角线（或选择【插入】→【曲线】→【直线】命令）画出对角线，如图 6-49 所示。

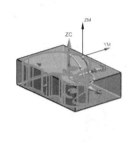

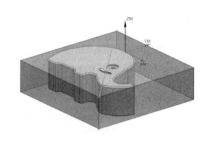

图 6-48　【创建方块】对话框　　　　　　　　　图 6-49　对角线

步骤 02：初始化加工环境。选择【启动】→【加工】命令进入加工模块，进行 CAM 设置，如图 6-50 所示。

在【要创建的 CAM 设置】选区选择【mill_planar】选项，单击【确定】按钮，进入加工环境。

步骤 03：设定工序导航器。单击界面左侧资源条中的 ⤢ 按钮，选择【工序导航器】→【几何视图】命令，打开工序导航器中的几何视图界面，如图 6-51 所示。

工序导航器 - 几何					□
名称	刀轨	刀具	时间	余量	切削
GEOMETRY			00:00:00		
未用项			00:00:00		
+ MCS_MILL			00:00:00		

图 6-50　CAM 设置　　　　　　　　图 6-51　工序导航器中的几何视图界面

步骤04：创建机床坐标系。在【MCS 铣削】对话框中双击 ✎ MCS_MILL，在【机床坐标系】选区单击 ⊡ 按钮，打开【CSYS】对话框。在【操控器】选区单击 ⊡ 按钮，打开【点】对话框。在【类型】下拉列表中选择【控制点】选项，并单击直线，即可定义 UG 加工坐标系，如图 6-52 所示。单击【确定】按钮，回到原界面。

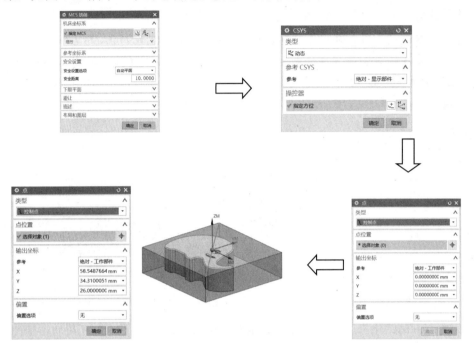

图 6-52　定义 UG 加工坐标系

步骤05：创建几何体。在工序导航器中单击 ✎ MCS_MILL 前的"＋"号，展开坐标系父节点，双击其下的【WORKPIECE】，打开【工件】对话框，如图 6-53 所示。单击 🗊 按钮，打开【部件几何体】对话框，在绘图区选择手机支架模型作为部件几何体。

步骤06：创建毛坯几何体。单击【确定】按钮，返回【工件】对话框。在对话框中单击 ⊗ 按钮，打开【毛坯几何体】对话框，如图 6-54 所示。

图 6-53　【工件】对话框

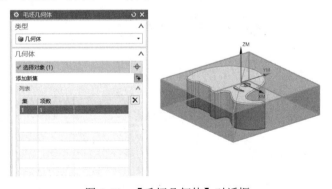

图 6-54　【毛坯几何体】对话框

步骤07：创建刀具。选择【刀具】→【创建刀具】命令，打开【创建刀具】对话框，如图 6-55 所示。默认的【刀具子类型】为铣刀。在【名称】文本框中输入 D10。单击【应用】按钮，打开【铣刀-5 参数】对话框，如图 6-56 所示。在【直径】文本框中输入 10。

图 6-55　【创建刀具】对话框

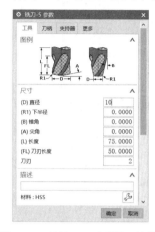

图 6-56　【铣刀-5 参数】对话框

用同样的方法创建 D8R0.5、D1 和 D1R0.5 铣刀参数。

步骤 08：创建面铣工序。右击【WORKPIECE】按钮 ，弹出快捷菜单，选择【插入】→【工序】命令，打开【创建工序】对话框，如图 6-57 所示。在【类型】下拉列表中选择【mill_planar】选项，在【工序子类型】选区单击 按钮，单击【确定】按钮，打开设置面铣参数对话框，如图 6-58 所示。设置【切削模式】和【平面直径百分比】。

步骤 09：指定毛坯边界。单击 按钮，打开【毛坯边界】对话框，如图 6-59 所示。毛坯边界选择方块上表面，如图 6-60 所示。

单击【确定】按钮，返回上个对话框。

步骤 10：修改切削参数。单击 按钮，打开【切削参数】对话框。打开【策略】选项卡，如图 6-61 所示，在【切削】选区的【与 XC 的夹角】文本框中输入 90。打开【余量】选项卡，如图 6-62 所示，在【毛坯余量】文本框中输入 3。

图 6-57　【创建工序】对话框

图 6-58　设置面铣参数对话框

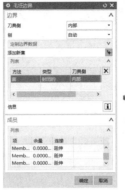
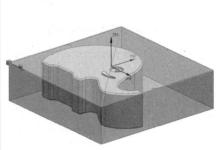

图 6-59 【毛坯边界】对话框 　　　　图 6-60 选择方块上表面

图 6-61 【策略】选项卡 　　　　图 6-62 【余量】选项卡

单击【确定】按钮，返回上个对话框。

步骤 11：设定进给率和主轴速度。单击 🔩 按钮，打开【进给率和速度】对话框。勾选【主轴速度】复选框，在其后的文本框中输入 3500。在【进给率】选区，将【切削】的值改为 2500，如图 6-63 所示。

单击【确定】按钮，返回上个对话框。

步骤 12：生成刀轨。单击 ⬚ 按钮，系统计算出铣平面（作为工件基准）的刀轨，如图 6-64 所示。

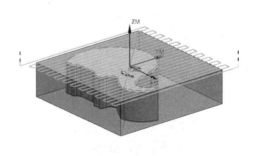

图 6-63 【进给率和速度】对话框 　　　　图 6-64 铣平面（作为工件基准）的刀轨

6.3.7 上表面粗加工

步骤 01：创建型腔铣工序。右击，弹出快捷菜单，选择【插入】→【工序】命令，打开【创建工序】对话框，如图 6-65 所示。在【类型】下拉列表中选择【mill_contour】选项，在【工序子类型】选区单击按钮，单击【确定】按钮，打开设置型腔铣参数对话框，如图 6-66 所示。在【切削模式】下拉列表中选择【跟随周边】选项，在【平面直径百分比】文本框中输入 65，并将每一刀的切削深度【最大距离】的值改为 1。

图 6-65 【创建工序】对话框

图 6-66 设置型腔铣参数对话框

步骤 02：设定切削层。单击按钮，打开【切削层】对话框。在【范围类型】下拉列表中选择【单个】选项。选取手机支架模型底面，并将【范围深度】改为 28，如图 6-67 所示。

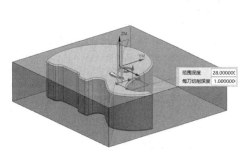

图 6-67 设定切削层

单击【确定】按钮，返回上个对话框。

步骤 03：设定切削策略。单击按钮，打开【切削参数】对话框。打开【策略】选项卡，如图 6-68 所示，在【切削顺序】下拉列表中选择【深度优先】选项，在【刀路方向】下拉列表中选择【向内】选项，勾选【岛清根】复选框，在【壁清理】下拉列表中选择【无】选项。

步骤 04：设定切削余量。在【切削参数】对话框中，打开【余量】选项卡，勾选【使底面余量与侧面余量一致】复选框，在【部件侧面余量】文本框中输入 0.2，在【内公差】文本框和【外公差】文本框中输入 0.05，如图 6-69 所示。

步骤 05：设定切削拐角。在【切削参数】对话框中，打开【拐角】选项卡，在【光顺】下拉列表中选择【所有刀路】选项，将【半径】的值改为 1，如图 6-70 所示。

图 6-68　【策略】选项卡

图 6-69　设定切削余量

图 6-70　设定切削拐角

单击【确定】按钮，返回上个对话框。

步骤 06：设定进刀参数。单击🔲按钮，打开【非切削移动】对话框。进刀、转移/快速的参数设置如图 6-71 和图 6-72 所示。打开【退刀】选项卡，在【退刀类型】下拉列表中选择【抬刀】选项，将【高度】的值改为 1，如图 6-73 所示。起点/钻点的参数设置如图 6-74 所示。

图 6-71　进刀的参数设置

图 6-72　转移/快速的参数设置

图 6-73　退刀的参数设置

单击【确定】按钮，返回上个对话框。

步骤 07：设定进给率和主轴速度。单击 ⬚ 按钮，打开【进给率和速度】对话框，如图 6-75 所示。勾选【主轴速度】复选框，在其后的文本框中输入 3500。在【进给率】选区，将【切削】的值改为 2500，单击【主轴速度】后的 ⬚ 按钮进行自动计算。

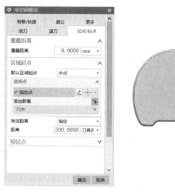
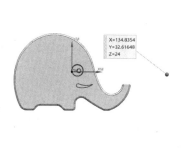

图 6-74　起点/钻点的参数设置

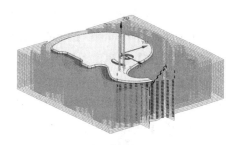

图 6-75　【进给率和速度】对话框

单击【确定】按钮，返回上个对话框。

步骤 08：生成刀轨。单击 ⬚ 按钮，系统计算出上表面粗加工的刀轨，如图 6-76 所示。

6.3.8　上平面精加工

步骤 01：创建面铣工序。右击 ⬚MCS_MILL ⬚WORKPIECE ，弹出快捷菜单，选择【插入】→【工序】命令，打开【创建工序】对话框，如图 6-77 所示。在

图 6-76　上表面粗加工的刀轨

【类型】下拉列表中选择【mill_planar】选项，在【工序子类型】选区单击 ⬚ 按钮，单击【确定】按钮，打开设置面铣参数对话框，如图 6-78 所示。在该对话框中设置【切削模式】和【平面直径百分比】。

图 6-77　【创建工序】对话框

图 6-78　设置面铣参数对话框

步骤 02：指定毛坯边界。单击⬡按钮，打开【毛坯边界】对话框。毛坯边界选择工件上表面，如图 6-79 所示。

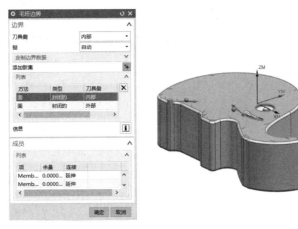

图 6-79　选择工件上表面

单击【确定】按钮，返回上个对话框。

步骤 03：设定切削策略。单击⬚按钮，打开【切削参数】对话框。打开【连接】选项卡，如图 6-80 所示，在【开放刀路】下拉列表中选择【变换切削方向】选项。

单击【确定】按钮，返回上个对话框。

步骤 04：设定进给率和主轴速度。单击🔩按钮，打开【进给率和速度】对话框，如图 6-81 所示。勾选【主轴速度】复选框，在其后的文本框中输入 7000。在【进给率】选区，将【切削】的值改为 500。

图 6-80　【连接】选项卡　　　　　图 6-81　【进给率和速度】对话框

单击【确定】按钮，返回上个对话框。

步骤 05：生成刀轨。单击🏴按钮，系统计算出上平面精加工的刀轨，如图 6-82 所示。

图 6-82 上平面精加工的刀轨

6.3.9 外侧壁精加工

使用深度轮廓加工工序去除上一道工序留下的加工余量。

步骤 01：创建深度轮廓加工工序。右击 MCS_MILL WORKPIECE ，弹出快捷菜单，选择【插入】
→【工序】命令，打开【创建工序】对话框，如图 6-83 所示。在【类型】下拉列表中选
择【mill_contour】选项，在【工序子类型】选区单击 按钮，单击【确定】按钮，打开
设置深度轮廓加工参数对话框，如图 6-84 所示。将每一刀的切削深度【最大距离】的值
改为 0。

图 6-83 【创建工序】对话框 图 6-84 设置深度轮廓加工参数对话框

步骤 02：指定切削面。单击 按钮，打开【切削区域】对话框，在绘图区指定图 6-85
所示的切削面。

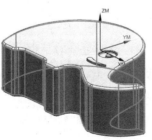

图 6-85 指定切削面

单击【确定】按钮，返回上个对话框。

步骤 03：设定切削层。单击![]按钮，打开【切削层】对话框，如图 6-86 所示。在【范围类型】下拉列表中选择【单个】选项，【范围深度】选取手机支架模型底面。

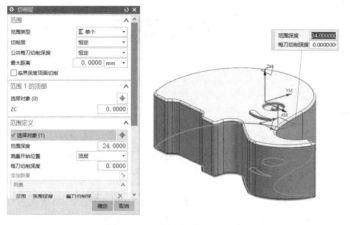

图 6-86　【切削层】对话框

单击【确定】按钮，返回上个对话框。

步骤 04：设定切削策略。单击![]按钮，打开【切削参数】对话框，如图 6-87 所示。在【策略】选项卡的【延伸路径】选区，勾选【在刀具接触点下继续切削】复选框。

单击【确定】按钮，返回上个对话框。

步骤 05：设定进刀参数。单击![]按钮，打开【非切削移动】对话框。在【起点/钻点】选项卡中，将【重叠距离】的值改为 2，将指定点选择为端点，如图 6-88 所示。

图 6-87　【切削参数】对话框　　　　　图 6-88　起点/钻点的参数设置

单击【确定】按钮，返回上个对话框。

步骤 06：设定进给率和主轴速度。单击![]按钮，打开【进给率和速度】对话框。勾选【主轴速度】复选框，在其后的文本框中输入 7000。在【进给率】选区，将【切削】的值改为 500，单击【主轴速度】后的![]按钮进行自动计算，如图 6-89 所示。

单击【确定】按钮，返回上个对话框。

步骤 07：生成刀轨。单击 ⊫ 按钮，系统计算出外侧壁精加工的刀轨，如图 6-90 所示。

图 6-89　进给率和速度的参数设置

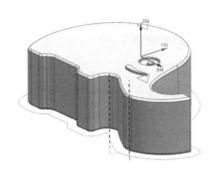

图 6-90　外侧壁精加工的刀轨

6.3.10　圆角精加工

使用深度轮廓加工工序去除上一道工序留下的加工余量。

步骤 01：由于已创建过一道深度轮廓加工工序，所以可直接右击【几何视图】中的【ZLEVEL_PROFILE】，弹出快捷菜单，选择【复制】命令，如图 6-91 所示。右击 WORKPIECE，弹出快捷菜单，选择【内部粘贴】命令，如图 6-92 所示。

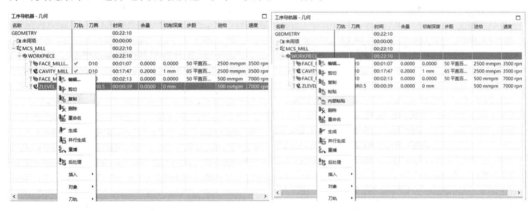

图 6-91　【复制】命令　　　　　　　　　图 6-92　【内部粘贴】命令

步骤 02：指定切削面。双击所需粘贴的程序，单击 ◔ 按钮，打开【切削区域】对话框，按住 Shift 键，将已选择的面取消选中或直接单击×按钮。选中内表面侧壁，在绘图区指定图 6-93 所示的切削面。

步骤 03：设置每刀的公共深度。将【最大距离】的值改 0.05，其他参数保持默认设置。

步骤 04：设定切削层。单击 ▤ 按钮，打开【切削层】对话框。在【范围类型】下拉列表中选【自动】选项。

步骤 05：设定进给率和主轴速度。单击 🗜 按钮，打开【进给率和速度】对话框。勾选【主轴速度】复选框，在其后的文本框中输入 7000。在【进给率】选区，将【切削】的值改为 1500。

步骤 06：生成刀轨。单击 ▶ 按钮，系统计算出圆角精加工的刀轨，如图 6-94 所示。

  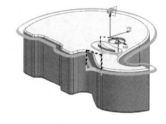

图 6-93　指定切削面　　　　　　　　　图 6-94　圆角精加工的刀轨

6.3.11　眼部圆角粗加工

步骤 01：创建型腔铣工序。右击 🖳 MCS_MILL / 🗇 WORKPIECE，弹出快捷菜单，选择【插入】→【工序】命令，打开【创建工序】对话框，如图 6-95 所示。在【类型】下拉列表中选择【mill_contour】选项，在【工序子类型】选区单击 🖳 按钮，单击【确定】按钮，打开设置型腔铣参数对话框，如图 6-96 所示。在【切削模式】下拉列表中选择【跟随周边】选项，在【平面直径百分比】文本框中输入 50，并将每一刀的切削深度【最大距离】的值改为 0.1。

图 6-95　【创建工序】对话框　　　　　图 6-96　设置型腔铣参数对话框

步骤 02：指定切削面。单击 ◉ 按钮，打开【切削区域】对话框，在绘图区指定

图 6-97 所示的切削面。

图 6-97　指定切削面

单击【确定】按钮，返回上个对话框。

步骤 03：设定切削层。单击 按钮，打开【切削层】对话框，如图 6-98 所示。在【范围类型】下拉列表中选择【单个】选项，将【范围 1 的顶部】指定为上平面，【范围定义】选择为眼部底面，切削范围如图 6-98 所示。

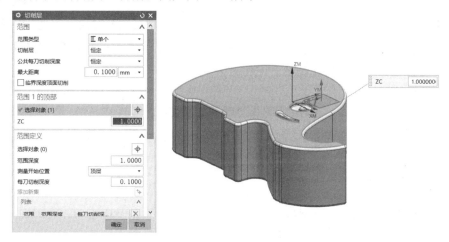

图 6-98　【切削层】对话框

单击【确定】按钮，返回上个对话框。

步骤 04：设定切削策略。单击 按钮，打开【切削参数】对话框。在【策略】选项卡的【切削顺序】下拉列表中选择【深度优先】选项，在【刀路方向】下拉列表中选择【向内】选项，勾选【岛清根】复选框，并在【壁清理】下拉列表中选择【无】选项，如图 6-99 所示。

步骤 05：设定切削余量。在【切削参数】对话框中，打开【余量】选项卡，勾选【使底面余量与侧面余量一致】复选框，在【部件侧面余量】文本框中输入 0.1，在【内公差】文本框和【外公差】文本框中输入 0.05，如图 6-100 所示。

步骤 06：设定切削拐角。在【切削参数】对话框中，打开【拐角】选项卡，在【光顺】下拉列表中选择【所有刀路】选项，将【半径】的值改为 0.1，如图 6-101 所示。

图 6-99　设定切削策略

图 6-100　设定切削余量

图 6-101　设定切削拐角

单击【确定】按钮，返回上个对话框。

步骤 07：设定进刀参数。单击 按钮，打开【非切削移动】对话框。进刀、转移/快速的参数设置如图 6-102 和图 6-103 所示。打开【退刀】选项卡，在【退刀类型】下拉列表中选择【抬刀】选项，将【高度】的值改为 1，如图 6-104 所示。

图 6-102　进刀的参数设置

图 6-103　转移/快速的参数设置

图 6-104　退刀的参数设置

单击【确定】按钮，返回上个对话框。

步骤 08：设定进给率和主轴速度。单击 按钮，打开【进给率和速度】对话框，如图 6-105 所示。勾选【主轴速度】复选框，在其后的文本框中输入 2000。在【进给率】选区，将【切削】的值改为 300，单击【主轴速度】后的 按钮进行自动计算。

单击【确定】按钮，返回上个对话框。

步骤 09：生成刀轨。单击 按钮，系统计算出眼部圆角粗加工的刀轨，如图 6-106 所示。

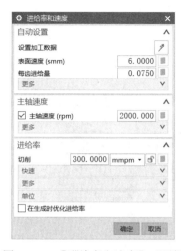

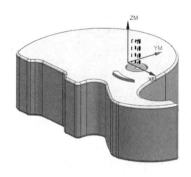

图 6-105　【进给率和速度】对话框　　　　图 6-106　眼部圆角粗加工的刀轨

6.3.12　眼部底平面精加工

步骤 01：创建面铣工序。右击 MCS_MILL ● WORKPIECE ，弹出快捷菜单，选择【插入】→【工序】命令，打开【创建工序】对话框，如图 6-107 所示。在【类型】下拉列表中选择【mill_planar】选项，在【工序子类型】选区单击 按钮，单击【确定】按钮，打开设置面铣参数对话框，如图 6-108 所示。在该对话框中设置【切削模式】和【平面直径百分比】。

图 6-107　【创建工序】对话框　　　　图 6-108　设置面铣参数对话框

步骤 02：指定毛坯边界。单击 按钮，打开【毛坯边界】对话框。毛坯边界选择工件上表面，如图 6-109 所示。

图 6-109　选择工件上表面

单击【确定】按钮，返回上个对话框。

步骤 03：设定进给率和主轴速度。单击 🔧 按钮，打开【进给率和速度】对话框，如图 6-110 所示。勾选【主轴速度】复选框，在其后的文本框中输入 3000。在【进给率】选区，将【切削】的值改为 200。

单击【确定】按钮，返回上个对话框。

步骤 04：生成刀轨。单击 ▶ 按钮，系统计算出眼部底平面精加工的刀轨，如图 6-111 所示。

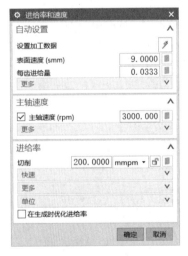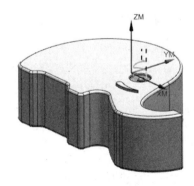

图 6-110　【进给率和速度】对话框　　　　图 6-111　眼部底平面精加工的刀轨

6.3.13　眼部圆角精加工

使用深度轮廓加工工序去除上一道工序留下的加工余量。

步骤 01：创建深度轮廓加工工序。右击 MCS_MILL WORKPIECE ，弹出快捷菜单，选择【插入】→【工序】命令，打开【创建工序】对话框，如图 6-112 所示。在【类型】下拉列表中选

择【mill_contour】选项，在【工序子类型】选区单击 按钮，单击【确定】按钮，打开
设置深度轮廓加工参数对话框，如图 6-113 所示。

图 6-112　【创建工序】对话框

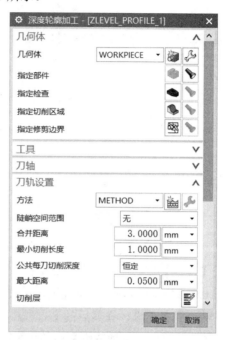

图 6-113　设置深度轮廓加工参数对话框

步骤 02：指定切削面。单击 按钮，打开【切削区域】对话框，在绘图区指定
图 6-114 所示的切削面。

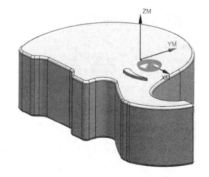

图 6-114　指定切削面

单击【确定】按钮，返回上个对话框。

步骤 03：设置每刀的公共深度。在【刀轨设置】选区，将【最大距离】的值改为 0.05，
其他参数设置如图 6-115 所示。

步骤 04：设定进刀参数。单击 按钮，打开【非切削移动】对话框。打开【转移
/快速】选项卡，在【区域之间】选区与【区域内】选区的【转移类型】下拉列表中选
择【前一平面】选项，将【安全距离】的值改为 1，如图 6-116 所示。

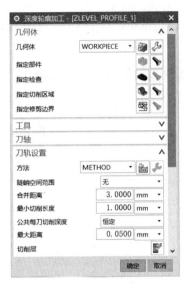

图 6-115　参数设置

图 6-116　起点/钻点的参数设置

单击【确定】按钮，返回上个对话框。

步骤 05：设定进给率和主轴速度。单击 按钮，打开【进给率和速度】对话框。勾选【主轴速度】复选框，在其后的文本框中输入 3000。在【进给率】选区，将【切削】的值改为 500，单击【主轴速度】后的 按钮进行自动计算，如图 6-117 所示。

单击【确定】按钮，返回上个对话框。

步骤 06：生成刀轨。单击 按钮，系统计算出眼部圆角精加工的刀轨，如图 6-118 所示。

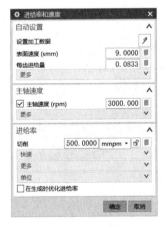

图 6-117　进给率和速度的参数设置

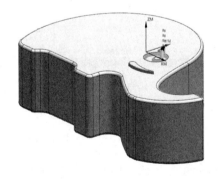

图 6-118　眼部圆角精加工的刀轨

6.3.14　调头装夹（2）

步骤 01：右击 ，弹出快捷菜单，选择【插入】→【几何体】命令，打开【创建几何体】对话框，单击【确定】按钮，打开【MCS】对话框。在【CSYS】对话框中，双击 Z 轴上的箭头，使其反向。创建反面加工坐标系如图 6-119 所示。

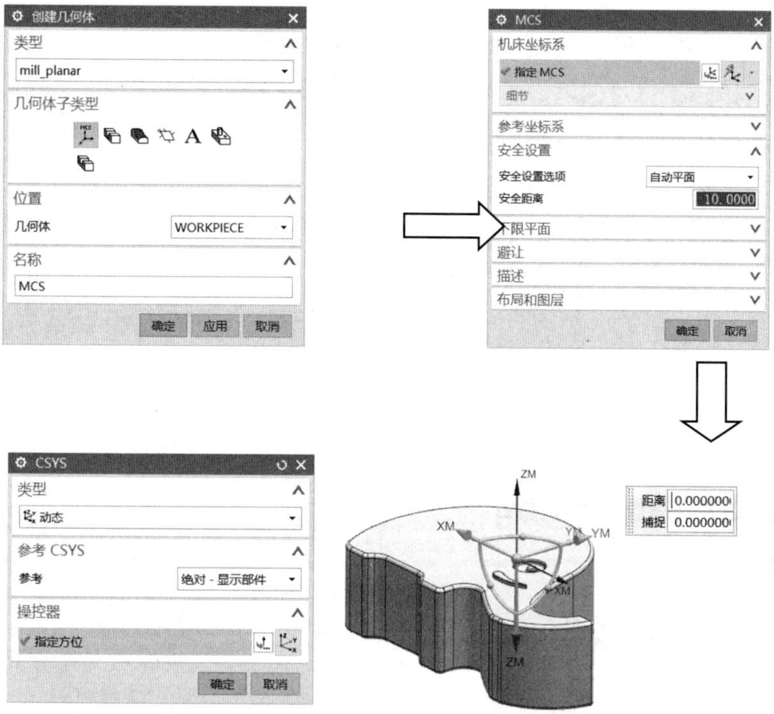

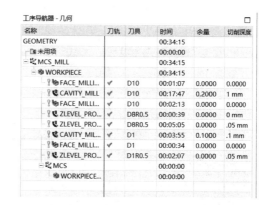

图 6-119　创建反面加工坐标系

步骤 02：在几何视图中右击 MCS ，弹出快捷菜单，选择【插入】→【几何体】命令，打开【创建几何体】对话框，如图 6-120 所示。在【几何体子类型】选区单击按钮，单击【确定】按钮。工序导航器中的几何视图界面如图 6-121 所示。

图 6-120　【创建几何体】对话框

工序导航器 - 几何

名称	刀轨	刀具	时间	余量	切削深度
GEOMETRY			00:34:15		
未用项			00:00:00		
MCS_MILL			00:34:15		
WORKPIECE			00:34:15		
FACE_MILLI...	✔	D10	00:01:07	0.0000	0.0000
CAVITY_MILL	✔	D10	00:17:47	0.2000	1 mm
FACE_MILLI...	✔	D10	00:02:13	0.0000	0.0000
ZLEVEL_PRO...	✔	D8R0.5	00:00:39	0.0000	0 mm
ZLEVEL_PRO...	✔	D8R0.5	00:05:05	0.0000	.05 mm
CAVITY_MIL...	✔	D1	00:03:55	0.1000	.1 mm
FACE_MILLI...	✔	D1	00:00:34	0.0000	0.0000
ZLEVEL_PRO...	✔	D1R0.5	00:02:07	0.0000	.05 mm
MCS			00:00:00		
WORKPIECE...			00:00:00		

图 6-121　工序导航器中的几何视图界面

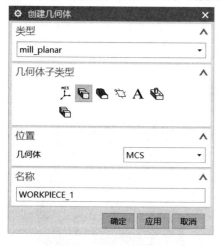

6.3.15 去余量

步骤 01：创建面铣工序。右击 ，弹出快捷菜单，选择【插入】→【工序】命令，打开【创建工序】对话框，如图 6-122 所示。在【类型】下拉列表中选择【mill_planar】选项，在【工序子类型】选区单击 按钮，单击【确定】按钮，打开设置面铣参数对话框，如图 6-123 所示。在【切削模式】下拉列表中选择【跟随周边】选项，在【步距】下拉列表中选择【恒定】选项，将【最大距离】的值改为 1，在【最终底面余量】文本框中输入 0。

图 6-122　【创建工序】对话框

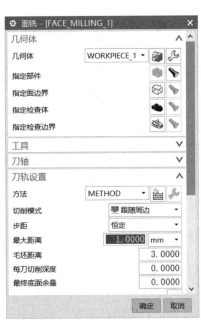

图 6-123　设置面铣参数对话框

步骤 02：指定毛坯边界。单击 按钮，打开【毛坯边界】对话框，如图 6-124 所示。毛坯边界选择方块下表面，如图 6-125 所示。

图 6-124　【毛坯边界】对话框

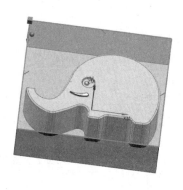

图 6-125　选择方块下表面

170

单击【确定】按钮，返回上个对话框。

步骤03：修改切削参数。单击 按钮，打开【切削参数】对话框。打开【策略】选项卡，如图 6-126 所示，在【切削】选区的【刀路方向】下拉列表中选择【向内】选项，勾选【岛清根】复选框。切换至【余量】选项卡，如图 6-127 所示，在【部件余量】文本框中输入 0.2，在【毛坯余量】文本框中输入 3。

图 6-126　【策略】选项卡

图 6-127　【余量】选项卡

单击【确定】按钮，返回上个对话框。

步骤04：设定进给率和主轴速度。单击 按钮，打开【进给率和速度】对话框，如图 6-128 所示。勾选【主轴速度】复选框，在其后的文本框中输入 4000。在【进给率】选区，将【切削】的值改为 2000。

单击【确定】按钮，返回上个对话框。

步骤05：生成刀轨。单击 按钮，系统计算出去余量的刀轨，如图 6-129 所示。

图 6-128　【进给率和速度】对话框

图 6-129　去余量的刀轨

6.3.16　底面精加工

步骤 01：创建面铣工序。右击 ⚙MCS WORKPIECE_1，弹出快捷菜单，选择【插入】→【工序】命令，打开【创建工序】对话框，如图 6-130 所示。在【类型】下拉列表中选择【mill_planar】选项，在【工序子类型】选区单击🔳按钮，单击【确定】按钮，打开设置面铣参数对话框，如图 6-131 所示。在该对话框中设置【切削模式】和【平面直径百分比】。

图 6-130　【创建工序】对话框

图 6-131　设置面铣参数对话框

步骤 02：指定毛坯边界。单击⊞按钮，打开【毛坯边界】对话框。毛坯边界选择方块上表面，如图 6-132 所示。

单击【确定】按钮，返回上个对话框。

步骤 03：修改切削参数。单击🔲按钮，打开【切削参数】对话框。打开【策略】选项卡，如图 6-133 所示，在【切削】选区的【与 XC 的夹角】文本框中输入 90。打开【余量】选项卡，如图 6-134 所示，在【毛坯余量】文本框中输入 3。

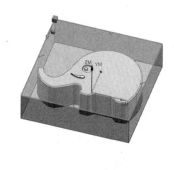

图 6-132　选择方块上表面

图 6-133　【策略】选项卡

图 6-134　【余量】选项卡

单击【确定】按钮，返回上个对话框。

步骤 04：设定进给率和主轴速度。单击 按钮，打开【进给率和速度】对话框，如图 6-135 所示。勾选【主轴速度】复选框，在其后的文本框中输入 3500。在【进给率】选区，将【切削】的值改为 2000。如图 6-135 所示。

单击【确定】按钮，返回上个对话框。

步骤 05：生成刀轨。单击 按钮，系统计算出底面精加工的刀轨，如图 6-136 所示。

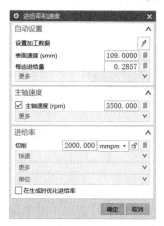

图 6-135　【进给率和速度】对话框

图 6-136　底面精加工的刀轨

6.3.17　下表面粗加工

步骤 01：创建型腔铣工序。右击 ，弹出快捷菜单，【插入】→【工序】命令，打开【创建工序】对话框，如图 6-137 所示。在【类型】下拉列表中选择【mill_contour】选项，在【工序子类型】选区单击 按钮，单击【确定】按钮，打开设置型腔铣参数对话框，如图 6-138 所示。在【切削模式】下拉列表中选择【跟随周边】选项，在【平面直径百分比】文本框中输入 65，并将每一刀的切削深度【最大距离】的值改为 1。

图 6-137　【创建工序】对话框

图 6-138　设置型腔铣参数对话框

步骤 02：设定切削层。单击  按钮，打开【切削层】对话框。在【范围类型】下拉列表中选择【单个】选项，选取手机支架模型下表面，如图 6-139 所示。

图 6-139　设定切削层

单击【确定】按钮，返回上个对话框。

步骤 03：设定切削策略。单击 按钮，打开【切削参数】对话框。在【策略】选项卡的【切削顺序】下拉列表中选择【深度优先】选项，在【刀路方向】下拉列表中选择【向内】选项，勾选【岛清根】复选框，在【壁清理】下拉列表中选择【无】选项，如图 6-140 所示。

步骤 04：设定切削余量。在【切削参数】对话框中，打开【余量】选项卡，勾选【使底面余量与侧面余量一致】复选框，在【部件侧面余量】文本框中输入 0.2，在【内公差】文本框和【外公差】文本框中输入 0.03，如图 6-141 所示。

步骤 05：设定切削拐角。在【切削参数】对话框中，打开【拐角】选项卡，在【光顺】下拉列表中选择【所有刀路】选项。将【半径】的值改为 1，如图 6-142 所示。

图 6-140　设定切削策略　　图 6-141　设定切削余量　　图 6-142　设定切削拐角

单击【确定】按钮，返回上个对话框。

步骤 06：设定进刀参数。单击 按钮，打开【非切削移动】对话框。进刀、转移/快速的参数设置如图 6-143 和图 6-144 所示。打开【退刀】选项卡，在【退刀类型】下拉列表中选择【抬刀】选项，将【高度】的值改为 1，如图 6-145 所示。

图 6-143　进刀的参数设置　图 6-144　转移/快速的参数设置　图 6-145　退刀的参数设置

单击【确定】按钮，返回上个对话框。

步骤 07：设定进给率和主轴速度。单击 按钮，打开【进给率和速度】对话框，如图 6-146 所示。勾选【主轴速度】复选框，在其后的文本框中输入 3500。在【进给率】选区，将【切削】的值改为 2500，单击【主轴速度】后的 按钮进行自动计算。

单击【确定】按钮，返回上个对话框。

步骤 08：生成刀轨。单击 按钮，系统计算出下表面粗加工的刀轨，如图 6-147 所示。

图 6-146　【进给率和速度】对话框

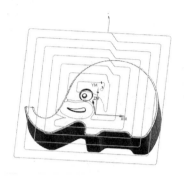

图 6-147　下表面粗加工的刀轨

6.3.18　下平面精加工

步骤 01：创建面铣工序。右击 ，弹出快捷菜单，选择【插入】→【工序】命令，打开【创建工序】对话框，如图 6-148 所示。在【类型】下拉列表中选择【mill_planar】选项，在【工序子类型】选区单击 按钮，单击【确定】按钮，打开设置面铣参数对话框，如图 6-149 所示。在该对话框中设置【切削模式】和【平面直径百分比】。

图 6-148　【创建工序】对话框

图 6-149　设置面铣参数对话框

步骤 02：指定毛坯边界。单击按钮 ，打开【毛坯边界】对话框。毛坯边界选择工件上表面，如图 6-150 所示。

单击【确定】按钮，返回上个对话框。

步骤 03：设定切削策略。单击 按钮，打开【切削参数】对话框，如图 6-151 所示。在【连接】选项卡的【开放刀路】下拉列表中选择【变换切削方向】选项。

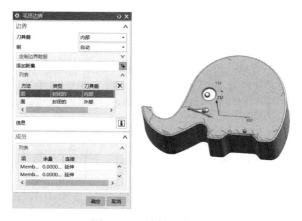

图 6-150　选择工件上表面

单击【确定】按钮，返回上个对话框。

步骤 04：设定进给率和主轴速度。单击 按钮，打开【进给率和速度】对话框，如图 6-152 所示。勾选【主轴速度】复选框，在其后的文本框中输入 7000。在【进给率】选区，将【切削】的值改为 500。

单击【确定】按钮，返回上个对话框。

步骤 05：生成刀轨。单击 按钮，系统计算出下平面精加工的刀轨，如图 6-153 所示。

图 6-151　【切削参数】对话框

图 6-152　【进给率和速度】对话框

图 6-153　下平面精加工的刀轨

6.3.19 反面圆角精加工

步骤 01：创建深度轮廓加工工序。右击 ⚙MCS WORKPIECE_1，弹出快捷菜单，选择【插入】→【工序】命令，打开【创建工序】对话框，如图 6-154 所示。在【类型】下拉列表中选择【mill_contour】选项，在【工序子类型】选区单击 按钮，单击【确定】按钮，打开设置深度轮廓加工参数对话框，如图 6-155 所示。

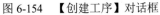

图 6-154 【创建工序】对话框　　　　图 6-155 设置深度轮廓加工参数对话框

步骤 02：指定切削面。单击 按钮，打开【切削区域】对话框，在绘图区指定图 6-156 所示的切削面。

单击【确定】按钮，返回上个对话框。

步骤 03：设置每刀的公共深度。将【最大距离】的值改为 0.05，其他参数采用默认设置。

步骤 04：设定进给率和主轴速度。单击 按钮，打开【进给率和速度】对话框。勾选【主轴速度】复选框，在其后的文本框中输入 7000。在【进给率】选区，将【切削】的值改为 1500。

单击【确定】按钮，返回上个对话框。

步骤 05：生成刀轨。单击 按钮，系统计算出反面圆角精加工的刀轨，如图 6-157 所示。

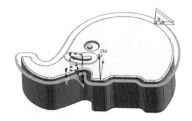

图 6-156 指定切削面　　　　图 6-157 反面圆角精加工的刀轨

6.3.20　反面眼部圆角粗加工

步骤 01：创建型腔铣工序。右击  ，弹出快捷菜单，选择【插入】→【工序】命令，打开【创建工序】对话框，如图 6-158 所示。在【类型】下拉列表中选择【mill_contour】选项，在【工序子类型】选区单击 按钮，单击【确定】按钮，打开设置型腔铣参数对话框，如图 6-159 所示。在【切削模式】下拉列表中选择【跟随周边】选项，在【平面直径百分比】文本框中输入 50，并将每一刀的切削深度【最大距离】的值改为 0.1。

图 6-158　【创建工序】对话框　　　　图 6-159　设置型腔铣参数对话框

步骤 02：指定切削面。单击 按钮，打开【切削区域】对话框，在绘图区指定图 6-160 所示的切削面。

图 6-160　指定切削面

单击【确定】按钮，返回上个对话框。

步骤 03：设定切削层。单击 按钮，打开【切削层】对话框，如图 6-161 所示。在【范围类型】下拉列表中选择【单个】选项，将【范围 1 的顶部】指定为上平面，【范围定义】选择为眼部底面，切削范围如图 6-161 所示。

单击【确定】按钮，返回上个对话框。

步骤 04：设定切削策略。单击 按钮，打开【切削参数】对话框。打开【策略】选项卡，如图 6-162 所示，在【切削顺序】下拉列表中选择【深度优先】选项，在【刀路方向】下拉列表中选择【向外】选项，勾选【岛清根】复选框，在【壁清理】下拉列表中选择【无】选项。

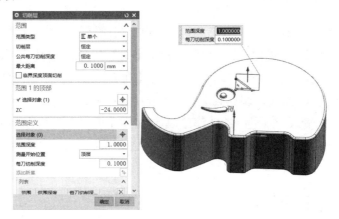

图 6-161 【切削层】对话框

步骤 05：设定切削余量。在【切削参数】对话框中，打开【余量】选项卡，如图 6-163 所示。勾选【使底面余量与侧面余量一致】复选框，在【部件侧面余量】文本框中输入 0.1，在【内公差】文本框和【外公差】文本框中输入 0.05。

步骤 06：设定切削拐角。在【切削参数】对话框中，打开【拐角】选项卡，如图 6-164 所示。在【光顺】下拉列表中选择【所有刀路】选项，将【半径】的值改为 0.1。

单击【确定】按钮，返回上个对话框。

步骤 07：设定进刀参数。单击按钮，打开【非切削移动】对话框。进刀、转移/快速的参数设置如图 6-165 和图 6-166 所示。打开【退刀】选项卡，在【退刀类型】下拉列表中选择【抬刀】选项，将【高度】的值改为 1，如图 6-167 所示。

单击【确定】按钮，返回上个对话框。

步骤 08：设定进给率和主轴速度。单击按钮，打开【进给率和速度】对话框，如图 6-168 所示。勾选【主轴速度】复选框，在其后的文本框中输入 2000。在【进给率】选区，将【切削】的值改为 300，单击【主轴速度】后的按钮进行自动计算。

图 6-162 【策略】选项卡　　图 6-163 【余量】选项卡　　图 6-164 【拐角】选项卡

图 6-165　进刀的参数设置　　图 6-166　转移/快速的参数设置　　图 6-167　退刀的参数设置

单击【确定】按钮，返回上个对话框。

步骤 09：生成刀轨。单击 按钮，系统计算出反面眼部圆角粗加工的刀轨，如图 6-169 所示。

 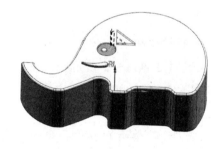

图 6-168　【进给率和速度】对话框　　图 6-169　反面眼部圆角粗加工的刀轨

6.3.21　反面眼部底平面精加工

步骤 01：创建面铣工序。右击 MCS_MILL WORKPIECE ，弹出快捷菜单，选择【插入】→【工序】命令，打开【创建工序】对话框，如图 6-170 所示。在【类型】下拉列表中选择【mill_planar】选项，在【工序子类型】选区单击 按钮，单击【确定】按钮，打开设置面铣参数对话框，如图 6-171 所示。在该对话框中设置【切削模式】和【平面直径百分比】。

步骤 02：指定毛坯边界。单击 按钮，打开【毛坯边界】对话框。【毛坯边界】选择工件上表面，如图 6-172 所示。

181

图 6-170　【创建工序】对话框　　　　图 6-171　设置面铣参数对话框

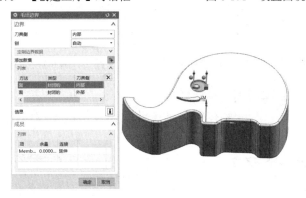

图 6-172　选择工件上表面

单击【确定】按钮，返回上个对话框。

步骤 03：设定进给率和主轴速度。单击 按钮，打开【进给率和速度】对话框，如图 6-173 所示。勾选【主轴速度】复选框，在其后的文本框中输入 3000。在【进给率】选区，将【切削】的值改为 200。

单击【确定】按钮，返回上个对话框。

步骤 04：生成刀轨。单击 按钮，系统计算出反面眼部底平面精加工的刀轨，如图 6-174 所示。

图 6-173　【进给率和速度】对话框　　　图 6-174　反面眼部底平面精加工的刀轨

6.3.22　反面眼部圆角精加工

使用深度轮廓加工工序去除上一道工序留下的加工余量。

步骤 01：创建深度轮廓加工工序。右击 ，弹出快捷菜单，选择【插入】→【工序】命令，打开【创建工序】对话框，如图 6-175 所示。在【类型】下拉列表中选择【mill_contour】选项，在【工序子类型】选区单击 按钮，单击【确定】按钮，打开设置深度轮廓加工参数对话框，如图 6-176 所示。

图 6-175　【创建工序】对话框　　　　图 6-176　设置深度轮廓加工参数对话框

步骤 02：指定切削面。单击 按钮，打开【切削区域】对话框，在绘图区指定图 6-177 所示的切削面。

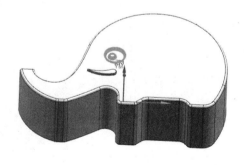

图 6-177　指定切削面

步骤 03：设置每刀的公共深度。将【最大距离】的值改为 0.05。其他参数设置如 6-178 所示。

步骤 04：设定进刀参数。单击 按钮，打开【非切削移动】对话框，如图 6-179 所示。在【转移/快速】选项卡的【区域之间】选区与【区域内】选区的【转移类型】下拉列表中选择【前一平面】选项，将【安全距离】的值改为 1。

　　单击【确定】按钮，返回上个对话框。

　　步骤 05：设定进给率和主轴速度。单击 🔳 按钮，打开【进给率和速度】对话框，如图 6-180 所示。勾选【主轴速度】复选框，在其后的文本框中输入 3000。在【进给率】选区，将【切削】的值改为 500，单击【主轴速度】后的 🔳 按钮进行自动计算。

图 6-178　其他参数设置

图 6-179　【非切削移动】对话框

　　单击【确定】按钮，返回上个对话框。

　　步骤 06：生成刀轨。单击 🔳 按钮，系统计算出反面眼部圆角精加工的刀轨，如图 6-181 所示。

图 6-180　【进给率和速度】对话框

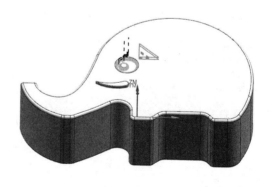

图 6-181　反面眼部圆角精加工的刀轨

第7章

烟灰缸的自动编程与综合加工

【内容】

本章将通过烟灰缸的加工实例，运用 UG 加工模块的使用边界面铣削、型腔铣、深度轮廓加工、固定轮廓铣命令综合编程，说明较复杂工件的数控加工工序安排及其参数设置方法。

【实例】

烟灰缸的自动编程与综合加工。

【目的】

通过实例讲解，使读者掌握较复杂工件的多工序加工方法及其参数设置方法。

7.1 实例导入

烟灰缸模型如图 7-1 所示。

图 7-1 烟灰缸模型

依据工件的特征，通过使用边界面铣削、型腔铣、深度轮廓加工、固定轮廓铣综合加工对其进行相应的操作。本例要求使用综合加工方法对工件各表面的尺寸、形状、表面粗糙度等参数按要求加工。

7.2 工艺分析

本例是一个烟灰缸模型的编程实例，材料选用 100mm×100mm×45mm 的 7075 型铝块作为加工毛坯，使用平口虎钳装夹时毛坯一定要预留出 34mm 以上的高度（以防刀具铣到平口虎钳）。在加工过程中，首先用【使用边界面铣削】铣出一个光整的平面作为工件上表面的基准平面，刀具 Z 轴方向以此平面为基准并在调头装夹时作为底面基准。然后用【型腔铣】粗加工，去除多余的余量，并用【深度轮廓加工】、【固定轮廓铣】进行上表面精加工，使尺寸达到要求并保证加工精度。调头装夹时充分利用已加工平面作为基准平面，机床在 Z 轴方向对刀时，可用垫块+滚刀的方式进行对刀，调头装夹后用【使用边界面铣削】去除毛坯正面加工时多余的部分。最后用【使用边界面铣削】和【深度轮廓加工】进行下表面精加工，使尺寸达到要求并提高加工精度。加工工艺方案制定如表 7-1 所示。

表 7-1 加工工艺方案制定

工序号	加工内容	加工方式	侧壁/底面余量	机床	刀具	夹具
1	铣平面 （作为工件基准）	使用边界面铣削	0mm	铣床	D16R0.5 铣刀	平口虎钳
2	上表面粗加工	型腔铣	0.2mm	铣床	D16R0.5 铣刀	平口虎钳
3	外侧壁精加工	深度轮廓加工	0mm	铣床	D16R0.5 铣刀	平口虎钳
4	内侧壁精加工	深度轮廓加工	0mm	铣床	D16R0.5 铣刀	平口虎钳
5	上底面精加工	使用边界面铣削	0mm	铣床	D16R0.5 铣刀	平口虎钳
6	内表面圆角精加工	深度轮廓加工	0mm	铣床	D16R0.5 铣刀	平口虎钳
7	凹槽粗加工	深度轮廓加工	0.2mm	铣床	B6R3 球头铣刀	平口虎钳
8	凹槽精加工	深度轮廓加工	0mm	铣床	B6R3 球头铣刀	平口虎钳
9	上表面曲面精加工	固定轮廓铣	0mm	铣床	B6R3 球头铣刀	平口虎钳
10	调头装夹			铣床		平口虎钳
11	去余量	使用边界面铣削	0.2mm	铣床	D16R0.5 铣刀	平口虎钳
12	底面精加工	使用边界面铣削	0mm	铣床	D16R0.5 铣刀	平口虎钳
13	底面圆角精加工	深度轮廓加工	0mm	铣床	D16R0.5 铣刀	平口虎钳

7.3 自动编程

7.3.1 铣平面（作为工件基准）

步骤 01：导入工件。单击 ▣ 按钮，打开【打开】对话框，选择资料包中的 yanhuigang.stp 文件，单击【OK】按钮。进入建模环境，打开【文件】菜单，选择【首选项】命令下的【用户界面】，打开【用户界面首选项】对话框，单击左侧的【布局】，选择【用户界面环境】下的【经典工具条】，单击【确定】按钮。为创建方块，选择【启动】→【建模】命令，在【命令查找器】中输入"创建方块"，打开【命令查找器】对话框，单击 ▣ 按钮，打开【创建方块】对话框，如图 7-2 所示。在绘图区框选工件，并将【设置】选区的【间隙】的值改为 0。为工件创建方块和对角线（选择【插入】→【曲线】→【直线】命令）画出对角线，如图 7-3 所示。

说明：创建方块的目的是为了能找到工件的最顶面。画出对角线是为了后续将加工坐标系放置到线段的中点也就是工件的最中心，这样做的目的是便于实际加工中对刀，以方便找准毛坯中心。

图 7-2　【创建方块】对话框　　　　　　　图 7-3　对角线

步骤 02：选择【启动】→【加工】命令进入加工模块，打开 CAM 设置，如图 7-4 所示。

选择【mill_planar】选项，单击【确定】按钮，进入加工环境。

步骤 03：单击界面左侧资源条中的 按钮，打开【工序导航器】对话框，选择【工序导航器】→【几何视图】命令，打开工序导航器中的几何视图界面，如图 7-5 所示。

图 7-4　CAM 设置

工序导航器 - 几何					□
名称	刀轨	刀具	时间	余量	切削
GEOMETRY			00:00:00		
⌐ 未用项			00:00:00		
+ MCS_MILL			00:00:00		

图 7-5　工序导航器中的几何视图界面

步骤 04：创建机床坐标系。双击 MCS_MILL　，打开【MCS 铣削】对话框。单击【机床坐标系】选区的 按钮，打开【CSYS】对话框。单击【操控器】选区的 按钮，打开

【点】对话框。在【类型】下拉列表中选择【控制点】选项，单击直线中间区域，单击【确定】按钮，即可定义 UG 加工坐标系，如图 7-6 所示。

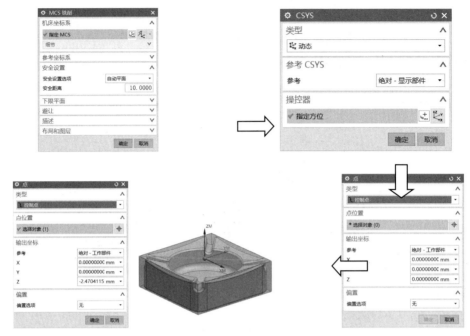

图 7-6   定义 UG 加工坐标系

步骤 05：创建几何体。在工序导航器中单击 MCS_MILL 前的"＋"号，展开坐标系父节点。双击其下的 WORKPIECE，打开【工件】对话框，如图 7-7 所示。单击 按钮，打开【部件几何体】对话框，在绘图区中选择烟灰缸模型作为部件几何体。

步骤 06：创建毛坯几何体。单击【确定】按钮，返回【工件】对话框。单击 按钮，打开【毛坯几何体】对话框，该对话框的参数设置如图 7-8 所示。

图 7-7   【工件】对话框   图 7-8   【毛坯几何体】对话框的参数设置

说明：部件几何体指定为工件模型，指定毛坯处选择包容块后系统会自动计算出一个方块。

步骤 07：创建刀具。选择【刀具】→【创建刀具】命令，打开【创建刀具】对话框。

默认的【刀具子类型】为铣刀，在【名称】文本框中输入 D16R0.5，如图 7-9 所示。单击【应用】按钮，打开【铣刀-5 参数】对话框，在【直径】文本框中输入 16，在【下半径】文本框中输入 0.5，如图 7-10 所示。工序导航器中的机床视图界面如图 7-11 所示。

图 7-9　输入 D16R0.5

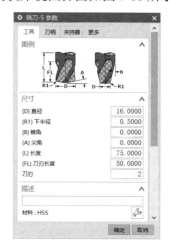

图 7-10　输入 0.5

工序导航器 - 机床

名称	刀轨	刀具
GENERIC_MACHINE		
未用项		
＋　D16R0.5		
＋　B6		

图 7-11　工序导航器中的机床视图界面

用同样的方法创建 B6R3 的球头铣刀。

步骤 08：创建面铣工序。右击 MCS_MILL WORKPIECE，弹出快捷菜单，选择【插入】→【工序】命令，打开【创建工序】对话框，如图 7-12 所示。在【类型】下拉列表中选择【mill_planar】选项，在【工序子类型】选区单击 按钮，在【位置】选区的【刀具】下拉列表中选择【D16R0.5（铣刀-5 参数）】选项，单击【确定】按钮，打开设置面铣参数对话框，如图 7-13 所示。

说明：加工工序应遵循"父子"关系，建议创建工序插在 WORKPIECE 下面。

在【切削模式】下拉列表中选择【往复】选项，同时在【平面直径百分比】文本框中输入 50。

步骤 09：指定毛坯边界。在设置面铣参数对话框的【几何体】选区单击 按钮，打开【毛坯边界】对话框，如图 7-14 所示。毛坯边界选择方块上表面，如图 7-15 所示。

单击【确定】按钮，返回上个对话框。

步骤 10：修改切削参数。单击 按钮，打开【切削参数】对话框。打开【策略】选项卡，在【切削】选区的【与 XC 的夹角】文本框中输入 90，如图 7-16 所示。切换至【余量】选项卡，在【毛坯余量】文本框中输入 3，如图 7-17 所示。

图 7-12　【创建工序】对话框

图 7-13　设置面铣参数对话框

图 7-14　【毛坯边界】对话框

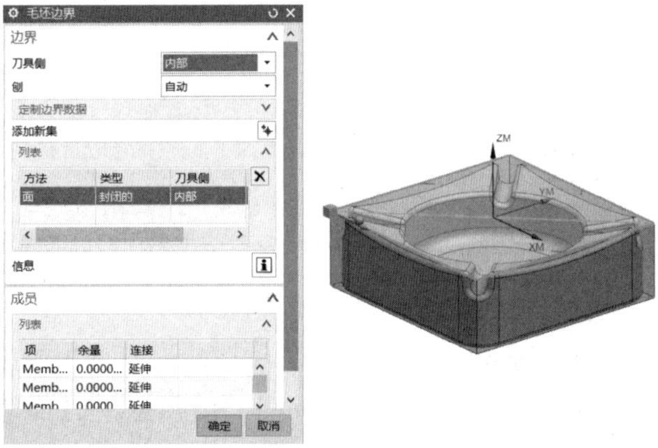

图 7-15　选择方块上表面

图 7-16　设定切削策略

图 7-17　设定切削余量

190

单击【确定】按钮，返回上个对话框。

步骤 11：设定进给率和主轴速度。单击 ☜ 按钮，打开【进给率和速度】对话框。勾选【主轴速度】复选框，在其后的文本框中输入 3500。在【进给率】选区，将【切削】的值改为 2500，单击【主轴速度】后的 ▤ 按钮进行自动计算，如图 7-18 所示。

单击【确定】按钮，返回上个对话框。

步骤 12：生成刀轨。单击 ▸ 按钮，系统计算出铣平面（作为工件基准）的刀轨，如图 7-19 所示。

图 7-18　进给率和速度的参数设置

图 7-19　铣平面（作为工件基准）的刀轨

7.3.2　上表面粗加工

步骤 01：创建型腔铣工序。右击 MCS_MILL WORKPIECE ，弹出快捷菜单，选择【插入】→【工序】命令，打开【创建工序】对话框，如图 7-20 所示。在【类型】下拉列表中选择【mill_contour】选项，在【工序子类型】选区单击 ☝ 按钮，在【位置】选区的【刀具】下拉列表中选择【D16R0.5（铣刀-5 参数）】选项，单击【确定】按钮，打开设置型腔铣参数对话框。如图 7-21 所示。

图 7-20　【创建工序】对话框

图 7-21　设置型腔铣参数对话框

在【切削模式】下拉列表中选择【跟随周边】选项，在【平面直径百分比】文本框中输入 65，并将每一刀的切削深度【最大距离】的值改为 1。

步骤 02：设定切削层。单击 按钮，打开【切削层】对话框。在【范围类型】下拉列表中选择【单个】选项，选取烟灰缸模型底面，并将【范围深度】改为 33（总切削深度），如图 7-22 所示。

单击【确定】按钮，返回上个对话框。

步骤 03：设定切削策略。单击 按钮，打开【切削参数】对话框。在【策略】选项卡的【切削顺序】下拉列表中选择【深度优先】选项，在【刀路方向】下拉列表中选择【向内】选项，勾选【岛清根】复选框，在【壁清理】下拉列表中选择【无】选项，如图 7-23 所示。

图 7-22　设定切削层

步骤 04：设定切削余量。在【余量】选项卡中，勾选【使底面余量与侧面余量一致】复选框，在【部件侧面余量】文本框中输入 0.2，在【毛坯余量】文本框中输入 10，在【内公差】文本框和【外公差】文本框中输入 0.05，如图 7-24 所示。

步骤 05：设定切削拐角。在【拐角】选项卡的【光顺】下拉列表中选择【所有刀路】选项，将【半径】的值改为 1，如图 7-25 所示。

图 7-23　设定切削策略　　　图 7-24　设定切削余量　　　图 7-25　设定切削拐角

单击【确定】按钮，返回上个对话框。

步骤 06：设定进刀参数。单击 按钮，打开【非切削移动】对话框。进刀、转移/快速和退刀的参数设置如图 7-26、图 7-27、图 7-28 所示。

图 7-26　进刀的参数设置　　　　图 7-27　转移/快速的参数设置　　　图 7-28　退刀的参数设置

打开【起点/钻点】选项卡，起点/钻点的参数设置如图 7-29 所示。

单击【确定】按钮，返回上个对话框。

步骤 07：设定进给率和主轴速度。单击 按钮，打开【进给率和速度】对话框。勾选【主轴速度】复选框，在其后的文本框中输入 3500。在【进给率】选区，将【切削】的值改为 2500，单击【主轴速度】后的 按钮进行自动计算，如图 7-30 所示。

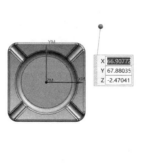

图 7-29　起点/钻点的参数设置　　　　　　　图 7-30　进给率和速度的参数设置

单击【确定】按钮，返回上个对话框。

步骤 08：生成刀轨。单击 按钮，系统计算出上表面粗加工的刀轨，如图 7-31 所示。

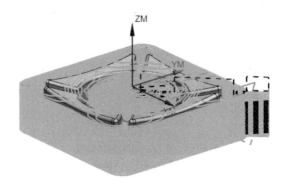

图 7-31　上表面粗加工的刀轨

7.3.3　外侧壁精加工

使用深度轮廓加工工序去除上一道工序留下的加工余量。

步骤 01：创建深度轮廓加工工序。右击 [MCS_MILL WORKPIECE]，弹出快捷菜单，选择【插入】→【工序】命令，打开【创建工序】对话框，如图 7-32 所示。在【类型】下拉列表中选择【mill_contour】选项，在【工序子类型】选区单击 按钮，在【位置】选区的【刀具】下拉列表中选择【D16R0.5（铣刀-5 参数）】选项，单击【确定】按钮，打开设置深度轮廓加工参数对话框，如图 7-33 所示。将每一刀的切削深度【最大距离】的值改为 0。

图 7-32　【创建工序】对话框

图 7-33　设置深度轮廓加工参数对话框

步骤 02：指定切削面。单击 按钮，打开【切削区域】对话框，在绘图区指定图 7-34 所示的切削面。

单击【确定】按钮，返回上个对话框。

步骤 03：设定切削层。单击 按钮，打开【切削层】对话框。在【范围类型】下拉列表中选择【单个】选项，【范围深度】选择模型底面（总切削深度），如图 7-35所示。

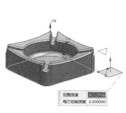

图 7-34　指定切削面　　　　　　　　图 7-35　设定切削层

单击【确定】按钮，返回上个对话框。

步骤 04：设定切削策略。单击 按钮，打开【切削参数】对话框，如图 7-36 所示。打开【策略】选项卡，勾选【在刀具接触点下继续切削】复选框。

单击【确定】按钮，返回上个对话框。

步骤 05：设定进刀参数。单击 按钮，打开【非切削移动】对话框。打开【起点/钻点】选项卡，将【重叠距离】的值改为 2，将指定点设置为端点，如图 7-37 所示。

单击【确定】按钮，返回上个对话框。

步骤 06：设定进给率和主轴速度。单击 按钮，打开图 7-38 所示的【进给率和速度】对话框。勾选【主轴速度】复选框，在其后的文本框中输入 7000。在【进给率】选区，将【切削】的值改为 500，单击【主轴速度】后的 按钮进行自动计算。

图 7-36　【切削参数】对话框　　　　　图 7-37　起点/钻点的参数设置

单击【确定】按钮，返回上个对话框。

步骤 07：生成刀轨。单击 按钮，系统计算出外侧壁精加工的刀轨，如图 7-39所示。

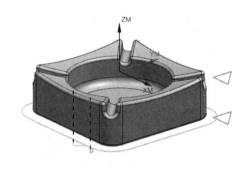

图 7-38 【进给率和速度】对话框　　　　　图 7-39 外侧壁精加工的刀轨

7.3.4 内侧壁精加工

使用深度轮廓加工工序去除上一道工序留下的加工余量。

步骤 01：创建深度轮廓加工工序。由于已创建过一道深度轮廓加工工序，所以可直接右击几何视图中的 ZLEVEL_PROFILE，弹出快捷菜单，选择【复制】命令，如图 7-40 所示。右击 ᴹᶜˢ_ᴹᴵᴸᴸ WORKPIECE，弹出快捷菜单，选择【内部粘贴】命令，如图 7-41 所示。

步骤 02：指定切削面。双击粘贴的工序，单击 按钮，打开【切削区域】对话框。按住 Shift 键单击，将已经选择的面取消选择或直接单击×按钮。选中内表面侧壁，在绘图区指定图 7-42 所示的切削面。

单击【确定】按钮，返回上个对话框。

步骤 03：设定切削层。单击 按钮，打开【切削层】对话框。在【范围类型】下拉列表中选择【单个】选项，【范围深度】选择上一步设定切削面的底边线，如图 7-43 所示。

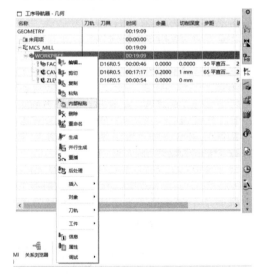

图 7-40 【复制】命令　　　　　　　　图 7-41 【内部粘贴】命令

图 7-42　指定切削面

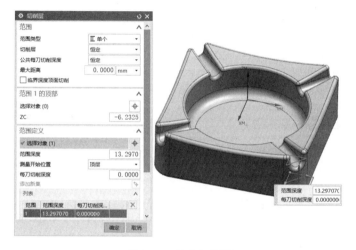

图 7-43　设定切削层

单击【确定】按钮，返回上个对话框。

说明：切削面发生变化的同时切削层的高度也会随之改变。由于该程序是复制下来的，所以不能使用上一道程序的切削层，不然会导致刀路无法生成。

步骤 04：生成刀轨。单击 按钮，系统计算出内侧壁精加工的刀轨，如图 7-44 所示。

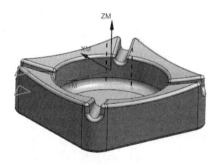

图 7-44　内侧壁精加工的刀轨

7.3.5　上底面精加工

步骤 01：创建面铣工序。右击 ，弹出快捷菜单，选择【插入】→【工序】

命令，打开【创建工序】对话框，如图 7-45 所示。在【类型】下拉列表中选择【mill_planar】选项，在【工序子类型】选区单击 ⬜ 按钮，在【位置】选区的【刀具】下拉列表中选择【D16R0.5（铣刀-5 参数）】选项，单击【确定】按钮，打开设置面铣参数对话框，如图 7-46 所示。在【切削模式】下拉列表中选择【跟随部件】选项，同时在【平面直径百分比】文本框中输入 50。

图 7-45　【创建工序】对话框　　　　　　　　图 7-46　设置面铣参数对话框

　　步骤 02：指定毛坯边界。在设置面铣参数对话框的【几何体】选区单击 ⊗ 按钮，打开【毛坯边界】对话框，如图 7-47 所示。毛坯边界选择工件凹槽底平面。

图 7-47　【毛坯边界】对话框

单击【确定】按钮，返回上个对话框。

步骤 03：设定进给率和主轴速度。单击 ![按钮] 按钮，打开【进给率和速度】对话框。勾选【主轴速度】复选框，在其后的文本框中输入 7000。在【进给率】选区，将【切削】的值改为 500，单击【主轴速度】后的 ![按钮] 按钮进行自动计算，如图 7-48 所示。

单击【确定】按钮，返回上个对话框。

步骤 04：生成刀轨。单击 ![按钮] 按钮，系统计算出上底面精加工的刀轨，如图 7-49 所示。

图 7-48　进给率和速度的参数设置

图 7-49　上底面精加工的刀轨

7.3.6　内表面圆角精加工

使用深度轮廓加工工序去除上一道工序留下的加工余量。

步骤 01：创建深度轮廓加工工序。右击 ![MCS_MILL WORKPIECE]，弹出快捷菜单，选择【插入】→【工序】命令，打开【创建工序】对话框，如图 7-50 所示。在【类型】下拉列表中选择【mill_contour】选项，在【工序子类型】选区单击 ![按钮] 按钮，在【位置】选区的【刀具】下拉列表中选择【D16R0.5（铣刀-5 参数）】选项，单击【确定】按钮，打开设置深度轮廓加工参数对话框，如图 7-51 所示。将每一刀的切削深度【最大距离】的值改为 0。

图 7-50　【创建工序】对话框

图 7-51　设置深度轮廓加工参数对话框

步骤 02：指定切削面。单击  按钮，打开【切削区域】对话框，在绘图区指定图 7-52 所示的切削面。

图 7-52　指定切削面

单击【确定】按钮，返回上个对话框。

步骤 03：设定切削层。单击 按钮，打开【切削层】对话框。在【范围类型】下拉列表中选择【单个】选项，【范围深度】选取烟灰缸模型凹槽底面（总切削深度），切削范围如图 7-53 所示。

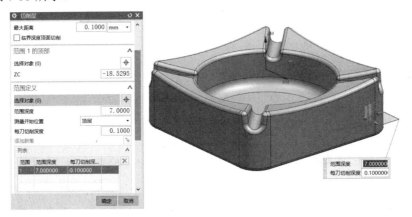

图 7-53　设定切削层

单击【确定】按钮，返回上个对话框。

步骤 04：设定切削连接。单击 按钮，打开【切削参数】对话框。打开【连接】选项卡，在【层之间】选区的【层到层】下拉列表中选择【沿部件斜进刀】选项，在【斜坡角】文本框中输入 10，如图 7-54 所示。

单击【确定】按钮，返回上个对话框。

步骤 05：设定进给率和主轴速度。单击 按钮，打开图 7-55 所示的【进给率和速度】对话框。勾选【主轴速度】复选框，在其后的文本框中输入 7000。在【进给率】选区，将【切削】的值改为 2000，单击【主轴速度】后的 按钮进行自动计算。

单击【确定】按钮，返回上个对话框。

步骤 06：生成刀轨。单击 按钮，系统计算出内表面圆角精加工的刀轨，如图 7-56 所示。

图 7-54　设定切削连接

图 7-55　【进给率和速度】对话框

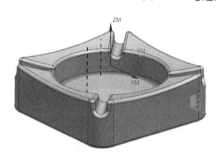

图 7-56　内表面圆角精加工的刀轨

7.3.7　凹槽粗加工

使用深度轮廓加工工序去除上一道工序留下的加工余量。

步骤 01：创建深度轮廓加工工序。右击 MCS_MILL WORKPIECE ，弹出快捷菜单，选择【插入】→【工序】命令，打开【创建工序】对话框，如图 7-57 所示。在【类型】下拉列表中选择【mill_contour】选项，在【工序子类型】选区单击 按钮，在【位置】选区的【刀具】下拉列表中选择【B6（铣刀-5 参数）】选项，单击【确定】按钮，打开设置深度轮廓加工参数对话框，如图 7-58 所示。将每一刀的公共深度【最大距离】的值改为 0.2。

步骤 02：指定切削面。单击 按钮，打开【切削区域】对话框，在绘图区指定图 7-59 所示的切削面。

单击【确定】按钮，返回上个对话框。

说明：当工件的面的数量过多时，在指定切削面时要格外注意不要少选或多选。

步骤 03：设定切削余量。单击 按钮，打开【切削参数】对话框。在【余量】选项卡中，勾选【使底面余量与侧面余量一致】复选框，在【部件侧面余量】文本框中输入0.2，如图 7-60 所示。

单击【确定】按钮，返回上个对话框。

步骤 04：设定进刀参数。单击 按钮，打开【非切削移动】对话框。打开【转移/快速】选项卡，在【区域之间】选区的【转移类型】下拉列表中选择【前一平面】选项，将【安全距离】的值改为1。在【区域内】选区的【转移方式】下拉列表中选择【进刀/退刀】选项，将【安全距离】的值改为1，如图7-61所示。

图7-57　【创建工序】对话框

图7-58　设置深度轮廓加工参数对话框

图7-59　指定切削面

图7-60　设定切削余量

图7-61　转移/快速的参数设置

单击【确定】按钮，返回上个对话框。

步骤05：设定进给率和主轴速度。单击🔧按钮，打开【进给率和速度】对话框。勾选【主轴速度】复选框，在其后的文本框中输入 4000。在【进给率】选区，将【切削】的值改为 2000，单击【主轴速度】后的 按钮进行自动计算，如图 7-62 所示。

单击【确定】按钮，返回上个对话框。

步骤 06：生成刀轨。单击 按钮，系统计算出凹槽粗加工的刀轨，如图 7-63 所示。

图 7-62　进给率和速度的参数设置

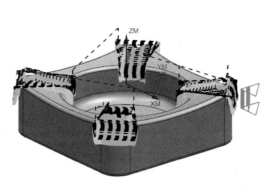

图 7-63　凹槽粗加工的刀轨

7.3.8　凹槽精加工

使用深度轮廓加工工序去除上一道工序留下的加工余量。

步骤 01：创建深度轮廓加工工序。由于已创建过一道深度轮廓加工工序，所以可直接右击几何视图中的 ZLEVEL_PROFILE_2，弹出快捷菜单，选择【复制】命令，如图 7-64 所示。右击 ，弹出快捷菜单，选择【内部粘贴】命令，如图 7-65 所示。

图 7-64　【复制】命令

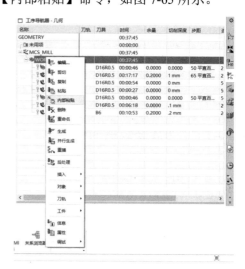

图 7-65　【内部粘贴】命令

步骤 02：设定切削余量。双击粘贴的程序，单击 按钮，打开【切削参数】对话框。

在【余量】选项卡中，勾选【使底面余量与侧面余量一致】复选框，在【部件侧面余量】文本框中输入 0，如图 7-66 所示。

单击【确定】按钮，返回上个对话框。

步骤 03：设定每刀切削深度。将【最大距离】的值改为 0.1，如图 7-67 所示。

图 7-66　设定切削余量　　　　　　　图 7-67　设定刀轨参数

单击【确定】按钮，返回上个对话框。

步骤 04：生成刀轨。单击▮按钮，系统计算出凹槽精加工的刀轨，如图 7-68 所示。

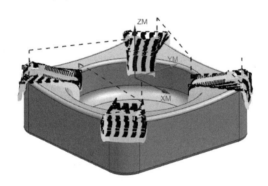

图 7-68　凹槽精加工的刀轨

7.3.9　上表面曲面精加工

步骤 01：创建固定轮廓铣工序。右击 MCS_MILL WORKPIECE ，弹出快捷菜单，选择【插入】→【工序】命令，打开【创建工序】对话框，如图 7-69 所示。在【类型】下拉列表中选择【mill_contour】选项，在【工序子类型】选区单击↓按钮，在【位置】选区的【刀具】下拉列表中选择【B6（铣刀-5 参数）】选项，单击【确定】按钮，打开设置固定轮廓铣参数对话框，如图 7-70 所示。

步骤 02：指定切削面。单击👝按钮，打开【切削区域】对话框，在绘图区指定图 7-71 所示的切削面。

图 7-69　【创建工序】对话框

图 7-70　设置固定轮廓铣参数对话框

单击【确定】按钮，返回上个对话框。

步骤 03：编辑驱动方法参数。单击 按钮，打开【区域铣削驱动方法】对话框，如图 7-72 所示。

图 7-71　指定切削面

图 7-72　【区域铣削驱动方法】对话框

在【非陡峭切削模式】下拉列表中选择【往复】选项，在【步距】下拉列表中选择【恒定】选项，将【最大距离】的值改为 0.2，在【剖切角】下拉列表中选择【指定】选项，在【与 XC 的夹角】文本框中输入 45。

单击【确定】按钮，返回上个对话框。

步骤 04：设定进刀参数。单击 按钮，打开【非切削移动】对话框。打开【进刀】选项卡，在【开放区域】选区的【进刀类型】下拉列表中选择【插削】选项，如图 7-73 所示。

单击【确定】按钮，返回上个对话框。

步骤 05：设定进给率和主轴速度。单击 按钮，打开【进给率和速度】对话框。勾选【主轴速度】复选框，在其后的文本框中输入 6000。在【进给率】选区，将【切削】的值改为 1500，单击【主轴速度】后的 按钮进行自动计算，如图 7-74 所示。

单击【确定】按钮，返回上个对话框。

步骤06：生成刀轨。单击 ▶ 按钮，系统计算出上表面曲面精加工的刀轨，如图 7-75 所示。

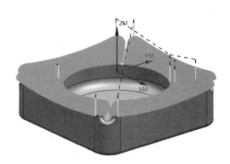

图 7-73 进刀 的参数设置　　图 7-74 进给率和速度 的参数设置　　图 7-75 上表面曲面 精加工的刀轨

7.3.10 调头装夹

步骤01：创建反面加工坐标系。右击 MCS_MILL ⊕ WORKPIECE ，弹出快捷菜单，选择【插入】→【几何体】命令，打开【创建几何体】对话框，单击【确定】按钮，打开【MCS】对话框。单击【机床坐标系】选区的 按钮，打开【CSYS】对话框。在【CSYS】对话框中，双击 Z 轴上的箭头，使其反向，即可完成反面加工坐标系的定义，如图 7-76 所示。

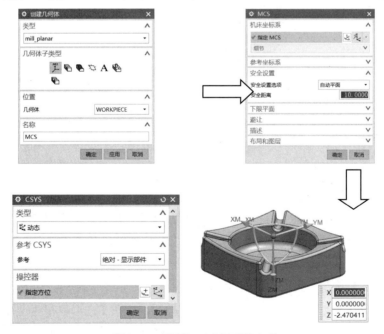

图 7-76 反面加工坐标系的定义

单击【确定】按钮。

步骤 02：创建部件几何体。在几何视图中右击 MCS ，弹出快捷菜单，选择【插入】→【几何体】命令，打开【创建几何体】对话框，如图 7-77 所示。在【几何体子类型】选区单击 按钮，单击【确定】按钮。工序导航器中的几何视图界面如图 7-78 所示。

图 7-77　【创建几何体】对话框

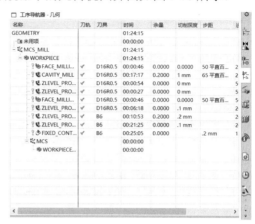

图 7-78　工序导航器中的几何视图界面

7.3.11　去余量

步骤 01：创建面铣工序。右击 MCS/WORKPIECE...，弹出快捷菜单，选择【插入】→【工序】命令，打开【创建工序】对话框，如图 7-79 所示。在【类型】下拉列表中选择【mill_planar】选项，在【工序子类型】选区单击 按钮，在【位置】选区的【刀具】下拉列表中选择【D16R0.5（铣刀-5 参数）】选项，单击【确定】按钮，打开设置面铣参数对话框，如图 7-80 所示。

图 7-79　【创建工序】对话框

图 7-80　设置面铣参数对话框

在【切削模式】下拉列表中选择【跟随周边】选项，在【步距】下拉列表中选择【恒定】选项，并将每一刀的切削深度【最大距离】的值改为 1，在【最终底面余量】文本框中输入 0.1。

步骤 02：指定毛坯边界。单击⊗按钮，打开【毛坯边界】对话框，如图 7-81 所示。毛坯边界选择方块下表面，如图 7-82 所示。

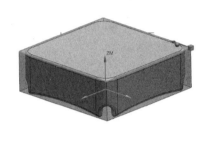

图 7-81　【毛坯边界】对话框　　　　　　图 7-82　选择方块下表面

单击【确定】按钮，返回上个对话框。

步骤 03：修改切削策略。单击⛏按钮，打开【切削参数】对话框。在【策略】选项卡的【刀路方向】下拉列表中选择【向内】选项，勾选【岛清根】复选框，在【壁清理】下拉列表中选择【无】选项，如图 7-83 所示。切换至【余量】选项卡，在【毛坯余量】文本框中输入 3，如图 7-84 所示。

图 7-83　设定切削策略　　　　　　　　图 7-84　设定切削余量

单击【确定】按钮，返回上个对话框。

步骤 04：设定进给率和主轴速度。单击⛏按钮，打开【进给率和速度】对话框。勾选【主轴速度】复选框，在其后的文本框中输入 4000。在【进给率】选区，将【切削】的值改为 2000，单击【主轴速度】后的🖩按钮进行自动计算，如图 7-85 所示。

单击【确定】按钮，返回上个对话框。

步骤 05：生成刀轨。单击 ⯈ 按钮，系统计算出去余量的刀轨，如图 7-86 所示。

图 7-85　进给率和速度的参数设置

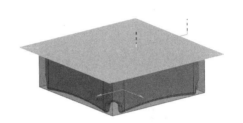

图 7-86　去余量的刀轨

7.3.12　底面精加工

步骤 01：创建面铣工序。右击 ⌞MCS WORKPIECE...，弹出快捷菜单，选择【插入】→【工序】命令，打开【创建工序】对话框，如图 7-87 所示。在【类型】下拉列表中选择【mill_planar】选项，在【工序子类型】选区单击 ⊞ 按钮，在【位置】选区的【刀具】下拉列表中选择【D16R0.5（铣刀-5 参数）】选项，单击【确定】按钮，打开设置面铣参数对话框，如图 7-88 所示。

图 7-87　【创建工序】对话框

图 7-88　设置面铣参数对话框

在【切削模式】下拉列表选择【单向】选项，在【平面直径百分比】文本框中输入 50。

步骤 02：指定毛坯边界。单击 ⊞ 按钮，打开【毛坯边界】对话框，如图 7-89 所示。毛坯边界选择方块下表面，如图 7-90 所示。

  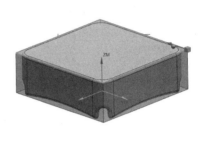

图 7-89　【毛坯边界】对话框　　　　　　　图 7-90　选择方块下表面

单击【确定】按钮，返回上个对话框。

步骤 03：设定进给率和主轴速度。单击 按钮，打开【进给率和速度】对话框。勾选【主轴速度】复选框，在其后的文本框中输入 6000。在【进给率】选区，将【切削】的值改为 2000，单击【主轴速度】后的 按钮进行自动计算，如图 7-91 所示。

单击【确定】按钮，返回上个对话框。

步骤 04：生成刀轨。单击 按钮，系统计算出底面精加工的刀轨，如图 7-92 所示。

 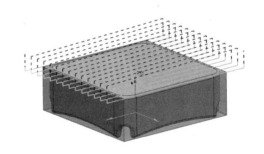

图 7-91　进给率和速度的参数设置　　　　图 7-92　底面精加工的刀轨

7.3.13　底面圆角精加工

步骤 01：创建深度轮廓加工工序。右击 ，弹出快捷菜单，选择【插入】→【工序】命令，打开【创建工序】对话框，如图 7-93 所示。在【类型】下拉列表中选择【mill_contour】选项，在【工序子类型】选区单击 按钮，在【位置】选区的【刀具】下拉列表中选择【D16R0.5（铣刀-5 参数）】选项，单击【确定】按钮，打开设置深度轮廓加工参数对话框，如图 7-94 所示。将【最大距离】的值改为 0.1。

图 7-93　【创建工序】对话框

图 7-94　设置深度轮廓加工参数对话框

步骤 02：指定切削面。单击 按钮，打开【切削区域】对话框，在绘图区指定图 7-95 所示的切削面。

单击【确定】按钮，返回上个对话框。

步骤 03：设定切削连接。单击 按钮，打开【切削参数】对话框，如图 7-96 所示。

图 7-95　指定切削面

打开【连接】选项卡，在【层到层】下拉列表中选择【沿部件斜进刀】选项，在【斜坡角】文本框中输入 10。

单击【确定】按钮，返回上个对话框。

步骤 04：设定进给率和主轴转速度。单击 按钮，打开图 7-97 所示的【进给率和速度】对话框。勾选【主轴速度】复选框，在其后的文本框中输入 7000。在【进给率】区，将【切削】的值改为 2000，单击【主轴速度】后的 按钮进行自动计算。

单击【确定】按钮，返回上个对话框。

图 7-96　【切削参数】对话框

图 7-97　【进给率和速度】对话框

步骤05：生成刀轨。单击 按钮，系统计算出底面圆角精加工的刀轨，如图7-98所示。

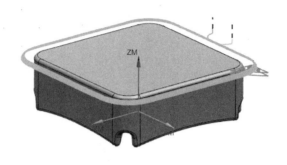

图 7-98　底面圆角精加工的刀轨

第8章

香皂盒的自动编程与综合加工

【内容】

本章通过香皂盒的加工实例，运用 UG 加工模块的使用边界面铣削、型腔铣、深度轮廓加工、区域轮廓铣、底壁加工命令综合编程，说明较复杂工件的数控加工工序安排及其参数设置方法。

【实例】

香皂盒的自动编程与综合加工。

【目的】

通过实例讲解，使读者掌握较复杂工件的多工序加工方法及其参数设置方法。

8.1　实例导入

香皂盒模型如图 8-1 所示。

图 8-1　香皂盒模型

依据工件的特征，通过使用边界面铣削、型腔铣、深度轮廓加工、区域轮廓铣、底壁加工的综合加工对其进行相应的操作。本例要求使用综合加工方法对工件各表面的尺寸、形状、表面粗糙度等参数按要求加工。

8.2　工艺分析

本例是一个香皂盒的编程实例，材料选用 130mm×90mm×30mm 的 7075 型铝块，以此作为加工毛坯，使用平口虎钳装夹时毛坯一定要预留出 25mm 以上的高度（以防刀具铣到平口虎钳）。在加工过程中，首先用【使用边界面铣削】铣出一个光整的平面作为工件上表面的基准平面，刀具 Z 轴方向以此平面为基准并在调头装夹时作为底面基准。然后用【型腔铣】粗加工，去除多余的毛坯余量，并用【深度轮廓加工】和【区域轮廓铣】进行上表面的精加工，使尺寸达到要求并保证加工精度。调头装夹时可利用已加工平面作为基准平面，机床在 Z 轴方向对刀时，可用垫块+滚刀的方式进行对刀，调头装夹后用【使用边界面铣削】去除毛坯正面加工时多余的部分。用【型腔铣】粗加工，去除多余的毛坯余量。最后用【深度轮廓加工】、【底壁加工】和【区域轮廓铣】进行下表面的精加工，使尺寸达到要求并提高加工精度。加工工艺方案制定如表 8-1 所示。

表 8-1　加工工艺方案制定

工序号	加工内容	加工方式	侧面/底面余量	机床	刀具	夹具
1	铣平面（作为工件基准）	使用边界面铣削	0mm	铣床	D10R0.5 铣刀	平口虎钳
2	上表面粗加工	型腔铣	0.1/0.1mm	铣床	D10R0.5 铣刀	平口虎钳
3	配合处外侧壁精加工	深度轮廓加工	0mm	铣床	D10R0.5 铣刀	平口虎钳
4	上表面二次粗加工	深度轮廓加工	0.1/0.1mm	铣床	D4 铣刀	平口虎钳
5	上表面 $\phi 8$ 的孔粗加工	型腔铣	0.1/0.1mm	铣床	D4 铣刀	平口虎钳
6	$\phi 8$ 的孔壁精加工	深度轮廓加工	0mm	铣床	D4 铣刀	平口虎钳
7	上表面圆角精加工	深度轮廓加工	0mm	铣床	B6 球头铣刀	平口虎钳
8	上表面型腔曲面精加工	区域轮廓铣	0mm	铣床	B6 球头铣刀	平口虎钳
9	上表面外侧曲面精加工	深度轮廓加工	0mm	铣床	B6 球头铣刀	平口虎钳
10	调头装夹					平口虎钳
11	去余量	使用边界面铣削	0/0.2mm	铣床	D16 铣刀	平口虎钳
12	底面精加工	使用边界面铣削	0mm	铣床	D10R0.5 铣刀	平口虎钳
13	下表面粗加工	型腔铣	0.1/0.1mm	铣床	D16R0.5 铣刀	平口虎钳
14	底壁精加工	底壁加工	0mm	铣床	D4 铣刀	平口虎钳
15	下表面二次粗加工	深度轮廓加工	0.1/0.1mm	铣床	D4 铣刀	平口虎钳
16	下表面曲面精加工	区域轮廓铣	0mm	铣床	B6 球头铣刀	平口虎钳
17	半径 $R1$ 的曲面圆角精加工	区域轮廓铣	0mm	铣床	B2 球头铣刀	平口虎钳

8.3　自动编程

8.3.1　铣平面（作为工件基准）

步骤 01：导入工件。单击 ⬚ 按钮，打开【打开】对话框，选择资料包中的 feizaohe.prt 文件，单击【OK】按钮。进入建模环境，打开【文件】菜单，选择【首选项】命令下的【用户界面】，打开【用户界面首选项】对话框，单击左侧的【布局】，选择【用户界面环境】下的【经典工具条】，单击【确定】按钮。为创建方块，选择【启动】→【建模】命令，在【命令查找器】中输入"创建方块"，打开【命令查找器】对话框，单击 ⬚ 按钮，打开【创建方块】对话框，如图 8-2 所示。单击 ⬚ 按钮（或选择【插入】→【同步建模】

→【偏置区域】命令），打开【偏置区域】对话框，分别选择方块的四周侧面作为偏置对象，并将【偏置】的【距离】改为 1.50935 和 1.43815（此处注意偏置方向）。用相同的操作方法选择绘图区方块的高（此处选择方块下表面），将【偏置】的【距离】改为 9.2031。为将其偏置到接近 130mm×90mm×30mm 的一个方块，选择【直线】命令（或选择【插入】→【曲线】→【直线】命令）画出对角线，如图 8-3 所示。

说明：创建方块的目的是为了能找到工件的最顶面。画出对角线是为了后续将加工坐标系放置到线段的中点也就是工件的最中心，这样做的目的是便于实际加工中对刀，以方便找准毛坯中心。

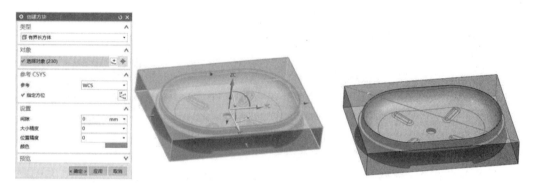

图 8-2　【创建方块】对话框　　　　　　　　　　图 8-3　对角线

步骤 02：选择【启动】→【加工】命令进入加工模块，打开 CAM 设置，如图 8-4 所示。

选择【mill_planar】选项，单击【确定】按钮，进入加工环境。

步骤 03：单击界面左侧资源条中的 ⊩ 按钮，打开【工序导航器】对话框，选择【工序导航器】→【几何视图】命令，打开工序导航器中的几何视图界面，如图 8-5 所示。

图 8-4　CAM 设置　　　　　　　　　　图 8-5　工序导航器中的几何视图界面

步骤 04：创建机床坐标系。双击 ⁂MCS_MILL，打开【MCS 铣削】对话框。在【机床坐标系】选区单击按钮，打开【CSYS】对话框。单击【操控器】选区的按钮，打开【点】对话框。在【类型】下拉列表中选择【控制点】选项，选取绘图区中的对角线，单击【确定】按钮，返回【CSYS】对话框，单击【确定】按钮，返回【MCS 铣削】对话框，完成图 8-6 所示的机床坐标系的创建。

步骤 05：设置安全高度。在【MCS 铣削】对话框中，选择【安全设置】区域，在【安全设置选项】下拉列表中选择【刨】选项，选取方块上表面，将【安全距离】值改为 10。单击【MCS 铣削】对话框中的【确定】按钮，完成图 8-7 所示的安全平面的创建。

图 8-6　机床坐标系的创建　　　　　图 8-7　安全平面的创建

步骤 06：创建几何体。在工序导航器中单击 MCS_MILL 前的"＋"号，展开坐标系父节点，双击其下的 WORKPIECE，打开【工件】对话框，如图 8-8 所示。单击按钮，打开【部件几何体】对话框，在绘图区选择香皂盒模型作为部件几何体。

说明：选择部件几何体时不要把方块选中，可按 Ctrl+B 快捷键将其隐藏。

步骤 07：创建毛坯几何体。单击【确定】按钮，返回【工件】对话框，在对话框中单击按钮，打开【毛坯几何体】对话框，如图 8-9 所示。在【类型】下拉列表中选择【包容块】选项。

图 8-8　【工件】对话框　　　　　图 8-9　【毛坯几何体】对话框

步骤 08：创建刀具。选择【刀具】→【创建刀具】命令，打开【创建刀具】对话框。默认的【刀具子类型】为铣刀，在【名称】文本框输入 D16，单击【应用】按钮，打开【铣刀-5 参数】对话框，如图 8-10 所示。在【直径】文本框中输入 16，单击【确定】按钮。选择【刀具】→【创建刀具】命令，打开【创建刀具】对话框。默认的【刀具子类

216

型】为铣刀，在【名称】文本框输入 B6，单击【应用】按钮，在打开的对话框中设置刀
具参数，如图 8-11 所示。在【直径】文本框中输入 6，单击【确定】按钮，单击【应用】
按钮，打开工序导航器中的机床视图界面，如图 8-12 所示。

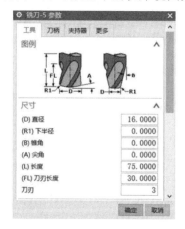

图 8-10　【铣刀-5 参数】对话框

图 8-11　设置刀具参数

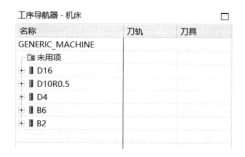

图 8-12　工序导航器中的机床视图界面

用同样的方法创建 D10R0.5、D4、B2 的铣刀。

说明：在本书中，以字母"D"开头为铣刀，字母"B"开头为球头铣刀，后面数字
表示刀具直径。

步骤 09：创建面铣工序。右击 MCS_MILL WORKPIECE，弹出快捷菜单，选择【插入】→【工序】
命令，打开【创建工序】对话框，如图 8-13 所示。在【类型】下拉列表中选择【mill_planar】
选项，在【工序子类型】选区单击按钮，在【位置】选区的【刀具】下拉列表中选择
【D10R0.5（铣刀-5 参数）】选项，单击【确定】按钮，打开设置面铣参数对话框，如图
8-14 所示。

在【切削模式】下拉列表中选择【往复】选项，同时在【平面直径百分比】文本框
中输入 75。

步骤 10：指定毛坯边界。在设置面铣参数对话框的【几何体】选区单击按钮，打
开【毛坯边界】对话框，如图 8-15 所示。毛坯边界选择方块上表面，如图 8-16 所示。

图 8-13　【创建工序】对话框

图 8-14　设置面铣参数对话框

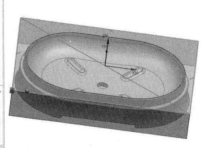

图 8-15　【毛坯边界】对话框

图 8-16　选择方块上表面

单击【确定】按钮，返回上个对话框。

步骤 11：设定进给率和主轴速度。单击 🐾 按钮，打开【进给率和速度】对话框。勾选【主轴速度】复选框，在其后的文本框中输入 4500。在【进给率】选区，将【切削】的值改为 2000，单击【主轴速度】后的 🔳 按钮进行自动计算，如图 8-17 所示。

单击【确定】按钮，返回上个对话框。

步骤 12：生成刀轨。单击 ▶ 按钮，系统计算出铣平面（作为工件基准）的刀轨，如图 8-18 所示。

说明：在【面铣】对话框中，单击 🔳 按钮，打开【策略】选项卡，修改【切削】选区的【与 XC 的夹角】，使其值为 90°，这样做的目的是在加工过程中尽量使刀具从 Y 轴方向进刀。如果发现程序的刀轨是从 X 轴方向进刀，那么需要在【切削参数】对话框的【策略】选项卡的【剖切角】下拉列表中选择【指定】选项，在【与 XC 的夹角】文本框中输入 90。

图 8-17　进给率和速度的参数设置

图 8-18　铣平面（作为工件基准）的刀轨

8.3.2　上表面粗加工

步骤 01：创建型腔铣工序。右击 MCS_MILL WORKPIECE ，弹出快捷菜单，选择【插入】→【工序】命令，打开【创建工序】对话框，如图 8-19 所示。在【类型】下拉列表中选择【mill_contour】选项，在【工序子类型】选区单击 按钮，在【位置】选区的【刀具】下拉列表中选择【D10R0.5（铣刀-5 参数）】选项，单击【确定】按钮，打开设置型腔铣参数对话框，如图 8-20 所示。

图 8-19　【创建工序】对话框

图 8-20　设置型腔铣参数对话框

在【切削模式】下拉列表中选择【跟随周边】选项，在【平面直径百分比】文本框中输入 65，并将每一刀的切削深度【最大距离】的值改为 1。

步骤 02：设定切削层。单击 按钮，打开【切削层】对话框，在【范围类型】下拉列表中选择【用户定义】选项，选取香皂盒模型底面，并将【范围深度】改为 24（总切削深度），如图 8-21 所示。

单击【确定】按钮，返回上个对话框。

说明：此时的【范围深度】为 24mm，是因为考虑后续 B6 球头铣刀的下刀半径为 3mm，所以在粗加工下的深度多加 3mm 的深度。

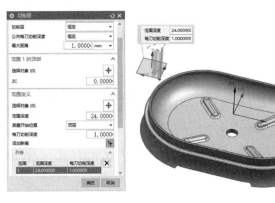

图 8-21　设定切削层

步骤 03：设定切削策略。单击 按钮，打开【切削参数】对话框。在【策略】选项卡的【切削顺序】下拉列表中选择【深度优先】选项，在【刀路方向】下拉列表中选择【向内】选项，勾选【岛清根】复选框，在【壁清理】下拉列表中选择【无】选项，如图 8-22 所示。

步骤 04：设定切削余量。在【余量】选项卡中，勾选【使底面余量与侧面余量一致】复选框，在【部件侧面余量】文本框中输入 0.1，在【毛坯余量】文本框中输入 6，如图 8-23 所示。

步骤 05：设定切削拐角。在【拐角】选项卡的【光顺】下拉列表中选择【所有刀路】选项，【半径】和【步距限制】为默认值，如图 8-24 所示。

图 8-22　设定切削策略

图 8-23　设定切削余量

图 8-24　设定切削拐角

单击【确定】按钮，返回上个对话框。

步骤 06：设定进刀参数。单击 🖫 按钮，打开【非切削移动】对话框。进刀、转移/快速和起点/钻点的参数设置如图 8-25、图 8-26 和图 8-27 所示。

图 8-25　进刀的参数设置

图 8-26　转移/快速的参数设置

图 8-27　起点/钻点的参数设置

单击【确定】按钮，返回上个对话框。

步骤 07：设定进给率和主轴速度。单击 🖫 按钮，打开图 8-28 所示的【进给率和速度】对话框。勾选【主轴速度】复选框，在其后的文本框中输入 3500。在【进给率】选区，将【切削】的值改为 2500，单击【主轴速度】后的 🖫 按钮进行自动计算。

单击【确定】按钮，返回上个对话框。

步骤 08：生成刀轨。单击 ▶ 按钮，系统计算出上表面粗加工的刀轨，如图 8-29 所示。

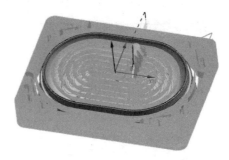

图 8-28　【进给率和速度】对话框　　　　图 8-29　上表面粗加工的刀轨

8.3.3　配合处外侧壁精加工

步骤 01：创建深度轮廓加工工序。右击 MCS_MILL WORKPIECE，弹出快捷菜单，选择【插入】→【工序】命令，打开【创建工序】对话框，如图 8-30 所示。在【类型】下拉列表中选择【mill_contour】选项，在【工序子类型】选区单击 按钮，在【位置】选区的【刀具】下拉列表中选择【D10R0.5（铣刀-5 参数）】选项，单击【确定】按钮，打开设置深度轮廓加工参数对话框，如图 8-31 所示。将每一刀的切削深度【最大距离】的值改为 0。

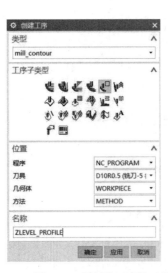

图 8-30　【创建工序】对话框　　　　图 8-31　设置深度轮廓加工参数对话框

步骤 02：指定切削面。单击 按钮，打开【切削区域】对话框，在绘图区指定图 8-32 所示的切削面。

单击【确定】按钮，返回上个对话框。

步骤 03：设定切削余量。单击 按钮，打开【切削参数】对话框。在【余量】选项卡中，勾选【使底面余量与侧面余量一致】复选框，在【内公差】文本框与【外公差】文本框中输入 0.01，如图 8-33 所示。

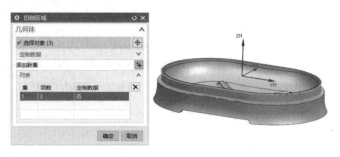

图 8-32　指定切削面

单击【确定】按钮，返回上个对话框。

步骤 04：设定退刀参数。单击 按钮，打开【非切削移动】对话框。打开【退刀】选项卡，在【退刀】选区的【退刀类型】下拉列表中选择【线性-沿矢量】选项，此时绘图区出现矢量坐标系，单击矢量坐标系 X 轴，如箭头所示，将【长度】的值改为 35，如图 8-34 所示。

单击【确定】按钮，返回上个对话框。

说明：将【退刀类型】设置为线性-沿矢量时，会出现一个"WCS 沿矢量坐标"（蓝色图标），选择所需的箭头方向，其目的是在加工时可以以直线加工退刀，防止工件出现条痕。

图 8-33　设定切削余量

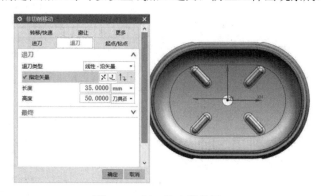

图 8-34　退刀的参数设置

步骤 05：设定进给率和主轴速度。单击 按钮，打开【进给率和速度】对话框。勾选【主轴速度】复选框，在其后的文本框中输入 4500。在【进给率】选区，将【切削】的值改为 2500，单击【主轴速度】后的 按钮进行自动计算，如图 8-35 所示。

单击【确定】按钮，返回上个对话框。

步骤 06：生成刀轨。单击 按钮，系统计算出配合处外侧壁精加工的刀轨，如图 8-36 所示。

图 8-35　进给率和速度的参数设置　　　　　图 8-36　配合处外侧壁精加工的刀轨

8.3.4　上表面二次粗加工

步骤 01：创建深度轮廓加工工序。右击 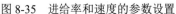 ，弹出快捷菜单，选择【插入】→【工序】命令，打开【创建工序】对话框，如图 8-37 所示。在【类型】下拉列表中选择【mill_contour】选项，在【工序子类型】选区单击 按钮，在【位置】选区的【刀具】下拉列表中选择【D4（铣刀-5 参数）】选项，单击【确定】按钮，打开设置深度轮廓加工参数对话框，如图 8-38 所示。将每一刀的切削深度【最大距离】的值改为 0.1。

步骤 02：指定切削面。单击 按钮，打开【切削区域】对话框，在绘图区指定图 8-39 所示的切削面。

图 8-37　【创建工序】对话框

图 8-38　设置深度轮廓加工参数对话框

图 8-39　指定切削面

单击【确定】按钮，返回上个对话框。

步骤 03：设定切削层。单击按钮，打开【切削层】对话框，选取香皂盒模型底面，并将【范围深度】改为图 8-40 所示的切削范围。

单击【确定】按钮，返回上个对话框。

说明：切削层的范围 1 的顶部 ZC 距离可根据实际加工高度自行设置，目的是减少刀路耗时。

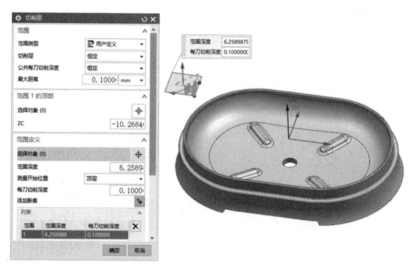

图 8-40　设定切削层

步骤 04：设定切削余量。单击按钮，打开【切削参数】对话框。在【余量】选项卡中，勾选【使底面余量与侧面余量一致】复选框，在【部件侧面余量】文本框中输入 0.1，如图 8-41 所示。

单击【确定】按钮，返回上个对话框。

步骤 05：设定进刀参数。单击按钮，打开【非切削移动】对话框。进刀、转移/快速的参数设置如图 8-42 和图 8-43 所示。

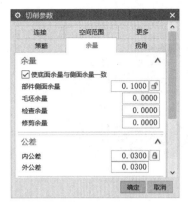  

图 8-41　设定切削余量　　　图 8-42　进刀的参数设置　　图 8-43　转移/快速的参数设置

单击【确定】按钮，返回上个对话框。

步骤 06：设定进给率和主轴速度。单击 按钮，打开【进给率和速度】对话框。勾选【主轴速度】复选框，在其后的文本框中输入 4500。在【进给率】选区，将【切削】的值改为 2500，单击【主轴速度】后的 按钮进行自动计算，如图 8-44 所示。

单击【确定】按钮，返回上个对话框。

步骤 07：生成刀轨。单击 按钮，系统计算出上表面二次粗加工的刀轨，如图 8-45 所示。

图 8-44　进给率和速度的参数设置　　　　图 8-45　上表面二次粗加工的刀轨

8.3.5　上表面 $\phi 8$ 的孔粗加工

步骤 01：创建型腔铣工序。右击 ，弹出快捷菜单，选择【插入】→【工序】命令，打开【创建工序】对话框，如图 8-46 所示。在【类型】下拉列表中选择【mill_contour】选项，在【工序子类型】选区单击 按钮，在【位置】选区的【刀具】下拉列表中选择【D4（铣刀-5 参数）】选项，单击【确定】按钮，打开设置型腔铣参数对话框，如图 8-47 所示。

图 8-46　【创建工序】对话框　　　　　图 8-47　设置型腔铣参数对话框

在【切削模式】下拉列表中选择【跟随周边】选项，在【平面直径百分比】文本框中输入 50，并将每一刀的切削深度【最大距离】的值改为 0.1。

步骤 02：指定切削面。单击 按钮，打开【切削区域】对话框，在绘图区指定图 8-48 所示的切削面。

单击【确定】按钮，返回上个对话框。

步骤 03：设定切削层。单击 按钮，打开【切削层】对话框。先将鼠标指针移至绘图区，右击出现线框模式，然后往下滑（注意往下滑时不能松开右键），此时工件视图变为线框模式，可按 F8 键将视图摆正，单击【范围 1 的顶部】选区的【选择对象】按钮，绘图区出现可拖动的箭头，拖动箭头使【ZC】的高度降低至孔高度稍微往上一点。范围 1 的顶部设置如图 8-49 所示。将【范围深度】改为 4（总切削深度），如图 8-50 所示。

单击【确定】按钮，返回上个对话框。

说明：将【范围深度】改为 4 的目的是为了在加工直径为 8 的孔时能够多往下延伸一点；调整【ZC】的高度是为了减少加工时间，避免出现走空刀路径；同样的方法可右击出现"带线着色"，往上滑就会从线框模式变成着色视图。

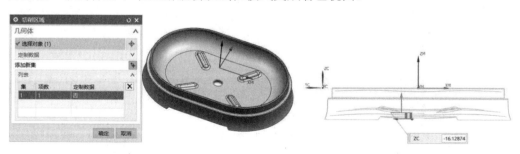

图 8-48　指定切削面　　　　　　　　　图 8-49　范围 1 的顶部设置

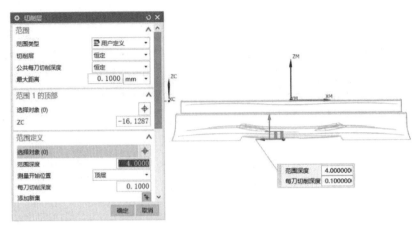

图 8-50　设定切削层

步骤 04：设定切削余量。单击▦按钮，打开【切削参数】对话框。在【余量】选项卡中，勾选【使底面余量与侧面余量一致】复选框，在【部件侧面余量】文本框中输入 0.1，如图 8-51 所示。

单击【确定】按钮，返回上个对话框。

步骤 05：设定进刀参数。单击▱按钮，打开【非切削移动】对话框。进刀、转移/快速的参数设置如图 8-52 和图 8-53 所示。

单击【确定】按钮，返回上个对话框。

步骤 06：设定进给率和主轴速度。单击📊按钮，打开【进给率和速度】对话框。勾选【主轴速度】复选框，在其后的文本框中输入 4500。在【进给率】选区，将【切削】的值改为 2000，单击【主轴速度】后的🔲按钮进行自动计算，如图 8-54 所示。

图 8-51　设定切削余量　　　图 8-52　进刀的参数设置　图 8-53　转移/快速的参数设置

单击【确定】按钮，返回上个对话框。

步骤 07：生成刀轨。单击▶按钮，系统计算出上表面 φ8 的孔粗加工的刀轨，如图 8-55 所示。

图 8-54　进给率和速度的参数设置　　　图 8-55　上表面 ϕ8 的孔粗加工的刀轨

8.3.6　ϕ8 的孔壁精加工

步骤 01：创建深度轮廓加工工序。右击 MCS_MILL WORKPIECE ，弹出快捷菜单，选择【插入】→【工序】命令，打开【创建工序】对话框，如图 8-56 所示。在【类型】下拉列表中选择【mill_contour】选项，在【工序子类型】选区单击 按钮，在【位置】选区的【刀具】下拉列表中选择【D4（铣刀-5 参数）】选项，单击【确定】按钮，打开设置深度轮廓加工参数对话框，如图 8-57 所示。将每一刀的切削深度【最大距离】的值改为 0。

图 8-56　【创建工序】对话框　　　图 8-57　设置深度轮廓加工参数对话框

步骤 02：指定切削面。单击 按钮，打开【切削区域】对话框，在绘图区指定图 8-58 所示的切削面。

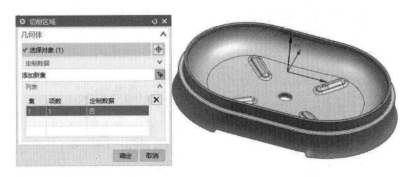

图 8-58　指定切削面

单击【确定】按钮，返回上个对话框。

步骤 03：设定切削余量。单击 按钮，打开【切削参数】对话框。在【余量】选项卡中，勾选【使底面余量与侧面余量一致】复选框，在【部件侧面余量】文本框中输入0，在【内公差】文本框与【外公差】文本框中输入 0.01，如图 8-59 所示。

单击【确定】按钮，返回上个对话框。

步骤 04：设定进刀参数。单击 按钮，打开【非切削移动】对话框。打开【进刀】选项卡，在【封闭区域】选区的【进刀类型】下拉列表中选择【无】选项。在【开放区域】选区的【进刀类型】下拉列表中选择【圆弧-垂直于刀轴】选项，将【半径】的值改为 5，如图 8-60 所示。

单击【确定】按钮，返回上个对话框。

步骤 05：设定进给率和主轴速度。单击 按钮，打开【进给率和速度】对话框。勾选【主轴速度】复选框，在其后的文本框中输入 4500。在【进给率】选区，将【切削】的值改为 2500，单击【主轴速度】后的 按钮进行自动计算，如图 8-61 所示。

图 8-59　设定切削余量

图 8-60　进刀的参数设置

单击【确定】按钮，返回上个对话框。

步骤 06：生成刀轨。单击 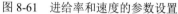 按钮，系统计算出 $\phi 8$ 的孔壁精加工的刀轨，如图 8-62 所示。

图 8-61　进给率和速度的参数设置　　　　图 8-62　$\phi 8$ 的孔壁精加工的刀轨

8.3.7　上表面圆角精加工

步骤 01：创建深度轮廓加工工序。右击 _{MCS_MILL} _{WORKPIECE}，弹出快捷菜单，选择【插入】→【工序】命令，打开【创建工序】对话框，如图 8-63 所示。在【类型】下拉列表中选择【mill_contour】选项，在【工序子类型】选区单击 按钮，在【位置】选区的【刀具】下拉列表中选择【B6（铣刀-球头铣）】选项，单击【确定】按钮，打开设置深度轮廓加工参数对话框，如图 8-64 所示。将每一刀的切削深度【最大距离】的值改为 0.2。

步骤 02：指定切削面。单击 按钮，打开【切削区域】对话框，在绘图区指定图 8-65 所示的切削面。

图 8-63　【创建工序】对话框　　　　　　图 8-64　设置深度轮廓加工参数对话框

图 8-65　指定切削面

单击【确定】按钮，返回上个对话框。

步骤 03：设定切削连接。单击 按钮，打开【切削参数】对话框。打开【连接】选项卡，在【层之间】选区的【层到层】下拉列表中选择【直接对部件进刀】选项，如图 8-66 所示。

步骤 04：设定切削余量。在【切削参数】对话框的【余量】选项卡中，勾选【使底面余量与侧面余量一致】复选框，在【部件侧面余量】文本框中输入 0，在【内公差】文本框与【外公差】文本框中输入 0.01，如图 8-67 所示。

图 8-66　设定切削连接

图 8-67　设定切削余量

单击【确定】按钮，返回上个对话框。

步骤 05：设定进刀参数。单击 按钮，打开【非切削移动】对话框。进刀、转移/快速的参数设置如图 8-68 和图 8-69 所示。

图 8-68　进刀的参数设置

图 8-69　转移/快速的参数设置

单击【确定】按钮，返回上个对话框。

步骤 06：设定进给率和主轴速度。单击  按钮，打开【进给率和速度】对话框。勾选【主轴速度】复选框，在其后的文本框中输入 4500。在【进给率】选区，将【切削】的值改为 2500，单击【主轴速度后】的 按钮进行自动计算，如图 8-70 所示。

单击【确定】按钮，返回上个对话框。

步骤 07：生成刀轨。单击 按钮，系统计算出上表面圆角精加工的刀轨，如图 8-71 所示。

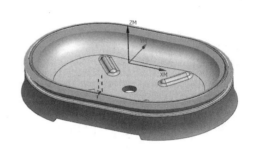

图 8-70　进给率和速度的参数设置　　　　图 8-71　上表面圆角精加工的刀轨

8.3.8　上表面型腔曲面精加工

步骤 01：创建区域轮廓铣工序。右击 ，弹出快捷菜单，选择【插入】→【工序】命令，打开【创建工序】对话框，如图 8-72 所示。在【类型】下拉列表中选择【mill_contour】选项，在【工序子类型】选区单击 按钮，在【位置】选区的【刀具】下拉列表中选择【B6（铣刀-球头铣）】选项，单击【确定】按钮，打开设置区域轮廓铣参数对话框，如图 8-73 所示。

步骤 02：指定切削面。单击 按钮，打开【切削区域】对话框，在绘图区指定图 8-74 所示的切削面。

图 8-72　【创建工序】对话框　　图 8-73　设置区域轮廓铣参数对话框

单击【确定】按钮，返回上个对话框。

步骤 03：编辑驱动方法参数。单击 ![按钮] 按钮，打开【区域铣削驱动方法】对话框，如图 8-75 所示。

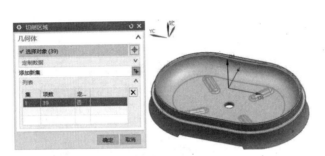

图 8-74　指定切削面　　　　　图 8-75　【区域铣削驱动方法】对话框

在【非陡峭切削模式】下拉列表中选择【往复】选项，在【步距】下拉列表中选择【恒定】选项，将【最大距离】的值改为 0.15，在【剖切角】下拉列表中选择【指定】选项，在【与 XC 的夹角】文本框中输入 180。

单击【确定】按钮，返回上个对话框。

步骤 04：设定进刀参数。单击 ![按钮] 按钮，打开【非切削移动】对话框。打开【进刀】选项卡，在【开放区域】选区的【进刀类型】下拉列表中选择【插削】选项，如图 8-76 所示。

单击【确定】按钮，返回上个对话框。

步骤 05：设定进给率和主轴速度，单击 ![按钮] 按钮，打开【进给率和速度】对话框。勾选【主轴速度】复选框，在其后的文本框中输入 4500。在【进给率】选区，将【切削】的值改为 1500，单击【主轴速度】后的 ![按钮] 按钮进行自动计算，如图 8-77 所示。

图 8-76　进刀的参数设置　　　　　图 8-77　进给率和速度的参数设置

单击【确定】按钮，返回上个对话框。

步骤 06：生成刀轨。单击 ⬐ 按钮，系统计算出上表面型腔曲面精加工的刀轨，如图 8-78 所示。

图 8-78　上表面型腔曲面精加工的刀轨

8.3.9　上表面外侧曲面精加工

步骤 01：创建深度轮廓加工工序。右击 ⬚ MCS_MILL ⬚ WORKPIECE，弹出快捷菜单，选择【插入】→【工序】命令，打开【创建工序】对话框，如图 8-79 所示。在【类型】下拉列表中选择【mill_contour】选项，在【工序子类型】选区单击 ⬚ 按钮，在【位置】选区的【刀具】下拉列表中选择【B6（铣刀-球头铣）】选项，单击【确定】按钮，打开设置深度轮廓加工参数对话框，如图 8-80 所示。将每一刀的切削深度【最大距离】的值改为 0.15。

图 8-79　【创建工序】对话框

图 8-80　设置深度轮廓加工参数对话框

步骤 02：指定切削面。单击 ⬚ 按钮，打开【切削区域】对话框，在绘图区指定图 8-81 所示的切削面。

单击【确定】按钮，返回上个对话框。

步骤 03：设定切削层。单击 ⬚ 按钮，打开【切削层】对话框。选取香皂盒模型底面，在【范围定义】选区将【范围深度】改为 22（总切削深度），如图 8-82 所示。

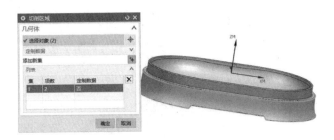

图 8-81　指定切削面

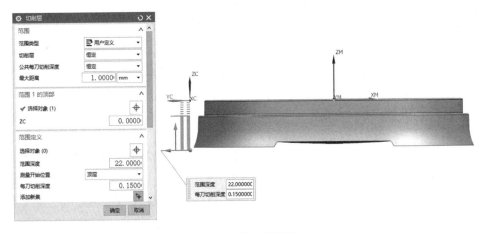

图 8-82　设定切削层

单击【确定】按钮，返回上个对话框。

说明：在输入选择对象的【ZC】高度和范围定义的【范围深度】的数值时，一定要将建模"WCS"坐标双击拖动至与加工坐标系平齐的位置，否则会出现程序不合教程的情况。

步骤 04：设定切削策略。单击 按钮，打开【切削参数】对话框。打开【策略】选项卡，勾选【在边上延伸】复选框，将【距离】的值改为 10，如图 8-83 所示。切换至【连接】选项卡，在【层之间】选区的【层到层】下拉列表中选择【沿部件斜进刀】选项，在【斜坡角】文本框中输入 10，如图 8-84 所示。

图 8-83　设定切削策略

图 8-84　设定切削连接

单击【确定】按钮，返回上个对话框。

步骤 05：设定进刀参数。单击 按钮，打开【非切削移动】对话框。进刀、转移/快速的参数设置如图 8-85 和图 8-86 所示。

图 8-85　进刀的参数设置

图 8-86　转移/快速的参数设置

单击【确定】按钮，返回上个对话框。

步骤 06：设定进给率和主轴速度。单击 按钮，打开【进给率和速度】对话框。勾选【主轴速度】复选框，在其后的文本框中输入 4500。在【进给率】选区，将【切削】的值改为 2000，单击【主轴速度】后的 按钮进行自动计算，如图 8-87 所示。

单击【确定】按钮，返回上个对话框。

步骤 07：生成刀轨。单击 按钮，系统计算出上表面外侧曲面精加工的刀轨，如图 8-88 所示。

图 8-87　进给率和速度的参数设置

图 8-88　上表面外侧曲面精加工的刀轨

8.3.10 调头装夹

步骤01：创建反面加工坐标系。右击 ![MCS_MILL WORKPIECE]，弹出快捷菜单，选择【插入】→【几何体】命令，打开【创建几何体】对话框，单击【确定】按钮，打开【MCS 铣削】对话框。单击【机床坐标系】选区的 ![按钮] 按钮，打开【CSYS】对话框，双击 Z 轴上的箭头，使其反向，单击【确定】按钮，返回【MCS 铣削】对话框，选择【安全设置】区域，在【安全设置选项】下拉列表中选择【刨】选项，选取方块下表面，将【安全距离】的值改为10，单击【MCS 铣削】对话框中的【确定】按钮，即可建立下表面加工坐标系，如图8-89所示。

图8-89　建立下表面加工坐标系

步骤02：创建部件几何体。在几何视图中右击 ![MCS_1]，弹出快捷菜单，选择【插入】→【几何体】命令，打开【创建几何体】对话框，如图8-90所示。单击【确定】按钮，在【几何体子类型】选区单击 ![按钮] 按钮，单击【确定】按钮。工序导航器中的几何视图界面如图8-91所示。

图8-90　【创建几何体】对话框　　　图8-91　工序导航器中的几何视图界面

8.3.11 去余量

步骤01：创建面铣工序。右击 ![MCS WORKPIECE...]，弹出快捷菜单，选择【插入】→【工序】命令，打开【创建工序】对话框，如图8-92所示。在【类型】下拉列表中选择【mill_planar】

选项，在【工序子类型】选区单击 🖬 按钮，在【位置】选区的【刀具】下拉列表中选择
【D16（铣刀-5 参数）】选项，单击【确定】按钮，打开设置面铣参数对话框，如图 8-93
所示。

说明：在创建面铣之前，先返回建模环境下，按 Ctrl+Shift+U 快捷键显示被隐藏的
方块。将方块的下表面与工件的下表面用"替换面"替换成同一个平面。

在【切削模式】下拉列表中选择【跟随周边】选项，在【步距】下拉列表中选择【恒定】
选项，并将每一刀的切削深度【最大距离】的值改为1，在【最终底面余量】文本框中输入 0.2。

图 8-92 【创建工序】对话框　　图 8-93 设置面铣参数对话框

步骤 02：指定毛坯边界。单击 ⬡ 按钮，打开【毛坯边界】对话框，如图 8-94 所示。
毛坯边界选择方块下表面，如图 8-95 所示，

图 8-94 【毛坯边界】对话框　　图 8-95 选择方块下表面

单击【确定】按钮，返回上个对话框。

步骤 03：修改切削策略。单击 ⬚ 按钮，打开【切削参数】对话框。在【策略】选项

卡的【刀路方向】下拉列表中选择【向内】选项，如图 8-96 所示。

单击【确定】按钮，返回上个对话框。

步骤 04：设定进给率和主轴速度。单击🔧按钮，打开【进给率和速度】对话框。勾选【主轴速度】复选框，在其后的文本框中输入 3500。在【进给率】选区，将【切削】的值改为 1500，单击【主轴速度】后的▦按钮进行自动计算，如图 8-97 所示。

单击【确定】按钮，返回上个对话框。

步骤 05：生成刀轨。单击▷按钮，系统计算出去余量的刀轨，如图 8-98 所示。

图 8-96　设定切削策略

图 8-97　进给率和速度的参数设置

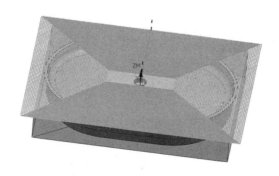

图 8-98　去余量的刀轨

8.3.12　底面精加工

步骤 01：创建面铣工序。右击 ⌈MCS WORKPIECE...，弹出快捷菜单，选择【插入】→【工序】命令，打开【创建工序】对话框，如图 8-99 所示。在【类型】下拉列表中选择【mill_planar】选项，在【工序子类型】选区单击▦按钮，在【位置】选区的【刀具】下拉列表中选择【D10R0.5（铣刀-5 参数）】选项，单击【确定】按钮，打开设置面铣参数对话框，如图 8-100 所示。

图 8-99　【创建工序】对话框

图 8-100　设置面铣参数对话框

在【切削模式】下拉列表中选择【往复】选项，在【平面直径百分比】文本框中输入 50。

步骤 02：指定毛坯边界。单击⊗按钮，打开【毛坯边界】对话框，如图 8-101 所示。毛坯边界选择方块下表面，如图 8-102 所示。

图 8-101　【毛坯边界】对话框

图 8-102　选择方块下表面

单击【确定】按钮，返回上个对话框。

步骤 03：设定进给率和主轴速度。单击🐾按钮，打开【进给率和速度】对话框。勾选【主轴速度】复选框，在其后的文本框中输入 4500。在【进给率】选区，将【切削】的值改为 2500，单击【主轴速度后】的▣按钮进行自动计算，如图 8-103 所示。

单击【确定】按钮，返回上个对话框。

步骤 04：生成刀轨。单击 按钮，系统计算出底面精加工的刀轨，如图 8-104 所示。

说明：考虑到加工安全问题，尽量使刀具的下刀点从 Y 轴方向进刀。如果发现程序的刀轨是从 X 轴方向进刀，那么需要在【切削参数】对话框的【策略】选项卡的【剖切角】下拉列表中选择【指定】选项，在【与 XC 的夹角】文本框中输入 90。

图 8-103　进给率和速度的参数设置

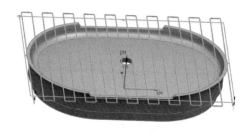

图 8-104　底面精加工的刀轨

8.3.13　下表面粗加工

步骤 01：创建型腔铣工序。右击 ，弹出快捷菜单，选择【插入】→【工序】命令，打开【创建工序】对话框，如图 8-105 所示。在【类型】下拉列表中选择【mill_contour】选项，在【工序子类型】选区单击 按钮，在【位置】选区的【刀具】下拉列表中选择【D10R0.5（铣刀-5 参数）】选项，单击【确定】按钮，打开设置型腔铣参数对话框，如图 8-106 所示。在【切削模式】下拉列表中选择【跟随周边】选项，在【平面直径百分比】文本框中输入 65，并将每一刀的切削深度【最大距离】的值改为 0.5。

图 8-105　【创建工序】对话框

图 8-106　设置型腔铣参数对话框

步骤 02：指定切削面。单击 👆 按钮，打开【切削区域】对话框，在绘图区指定图 8-107 所示的切削面。

单击【确定】按钮，返回上个对话框。

步骤 03：设定切削策略。单击 🔲 按钮，打开【切削参数】对话框。在【策略】选项卡的【切削顺序】下拉列表中选择【深度优先】选项，在【刀路方向】下拉列表中选择【向外】选项，勾选【岛清根】复选框，在【壁清理】下拉列表中选择【无】选项，如图 8-108 所示。

步骤 04：设定切削余量。在【切削参数】对话框的【余量】选项卡中，勾选【使底面余量与侧面余量一致】复选框，在【部件侧面余量】文本框中输入 0.1，如图 8-109 所示。

步骤 05：设定切削拐角。在【拐角】选项卡的【光顺】下拉列表中选择【所有刀路】选项，【半径】和【步距限制】为默认值，如图 8-110 所示。

图 8-107　指定切削面

图 8-108　设定切削策略

图 8-109　设定切削余量

图 8-110　设定切削拐角

单击【确定】按钮，返回上个对话框。

步骤 06：设定进刀参数。单击 🔲 按钮，打开【非切削移动】对话框。进刀、转移/快速的参数设置如图 8-111 和图 8-112 所示。

图 8-111　进刀的参数设置

图 8-112　转移/快速的参数设置

单击【确定】按钮，返回上个对话框。

步骤 07：设定进给率和主轴速度。单击 按钮，打开【进给率和速度】对话框。勾选【主轴速度】复选框，在其后的文本框中输入 4500。在【进给率】选区，将【切削】的值改为 2500，单击【主轴速度】后的 按钮进行自动计算，如图 8-113 所示。

单击【确定】按钮，返回上个对话框。

步骤 08：生成刀轨。单击 按钮，系统计算出下表面粗加工的刀轨，如图 8-114 所示。

图 8-113　进给率和速度的参数设置

图 8-114　下表面粗加工的刀轨

8.3.14　底壁精加工

步骤 01：创建底壁加工工序。右击 MCS_MILL WORKPIECE ，弹出快捷菜单，选择【插入】→【工序】命令，打开【创建工序】对话框，如图 8-115 所示。在【类型】下拉列表中选择

【mill_planar】选项，在【工序子类型】选区单击⊔按钮，在【位置】选区的【刀具】下拉列表中选择【D4（铣刀-5 参数）】选项，单击【确定】按钮，打开设置底壁加工参数对话框，如图 8-116 所示。

图 8-115　【创建工序】对话框　　　　图 8-116　设置底壁加工参数对话框

在【切削模式】下拉列表中选择【往复】选项，在【平面直径百分比】文本框中输入 75。

步骤 02：指定切削面。单击🗇按钮，打开【切削区域】对话框，在绘图区指定图 8-117 所示的切削面。

图 8-117　指定切削面

单击【确定】按钮，返回上个对话框。

步骤 03：设定进给率和主轴速度。单击🖳按钮，打开【进给率和速度】对话框，如图 8-118 所示。勾选【主轴速度】复选框，在其后的文本框中输入 4500。在【进给率】选区，将【切削】的值改为 2500，单击【主轴速度】后的🖩按钮进行自动计算。

单击【确定】按钮，返回上个对话框。

步骤04：生成刀轨。单击▶按钮，系统计算出底壁精加工的刀轨，如图8-119所示。

图8-118 【进给率和速度】对话框

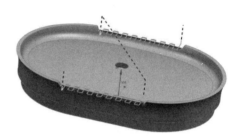

图8-119 底壁精加工的刀轨

8.3.15 下表面二次粗加工

步骤01：创建深度轮廓加工工序。右击 ^{MCS_MILL} WORKPIECE，弹出快捷菜单，选择【插入】→【工序】命令，打开【创建工序】对话框，如图 8-120 所示。在【类型】下拉列表中选择【mill_contour】选项，在【工序子类型】选区单击 按钮，在【位置】选区的【刀具】下拉列表中选择【D4（铣刀-5 参数）】选项，单击【确定】按钮，打开设置深度轮廓加工参数对话框，如图 8-121 所示。将每一刀的切削深度【最大距离】的值改为 0.1。

图8-120 【创建工序】对话框

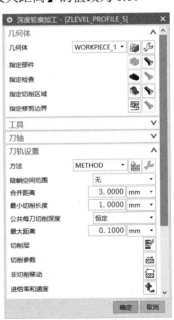

图8-121 设置深度轮廓加工参数对话框

步骤 02：指定切削面。单击 📎 按钮，打开【切削区域】对话框，在绘图区指定图 8-122 所示的切削面。

单击【确定】按钮，返回上个对话框。

步骤 03：设定切削余量。单击 🔲 按钮，打开【切削参数】对话框。打开【余量】选项卡，在【部件侧面余量】文本框中输入 0.1，如图 8-123 所示。

单击【确定】按钮，返回上个对话框。

步骤 04：设定进刀参数。单击 🔲 按钮，打开【非切削移动】对话框。进刀、转移/快速的参数设置如图 8-124 和图 8-125 所示。

图 8-122　指定切削面

单击【确定】按钮，返回上个对话框。

步骤 05：设定进给率和主轴速度。单击 🔧 按钮，打开【进给率和速度】对话框。勾选【主轴速度】复选框，在其后的文本框中输入 4500。在【进给率】选区，将【切削】的值改为 2500，单击【主轴速度】后的 🔲 按钮进行自动计算，如图 8-126 所示。

图 8-123　设定切削余量

图 8-124　进刀的参数设置

图 8-125　转移/快速的参数设置

单击【确定】按钮，返回上个对话框。

步骤 06：生成刀轨，单击 ▶ 按钮，系统计算出下表面二次粗加工的刀轨，如图 8-127 所示。

图 8-126　进给率和速度的参数设置

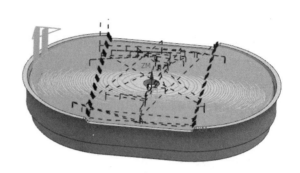

图 8-127　下表面二次粗加工的刀轨

8.3.16　下表面曲面精加工

步骤 01：创建区域轮廓铣工序。右击 MCS_MILL WORKPIECE ，弹出快捷菜单，选择【插入】→【工序】命令，打开【创建工序】对话框，如图 8-128 所示。在【类型】下拉列表中选择【mill_contour】选项，在【工序子类型】选区单击 按钮，在【位置】选区的【刀具】下拉列表中选择【B6（铣刀-球头铣）】选项，单击【确定】按钮，打开设置区域轮廓铣参数对话框，如图 8-129 所示。

步骤 02：指定切削面。单击 按钮，打开【切削区域】对话框，在绘图区指定图 8-130 所示的切削面。

单击【确定】按钮，返回上个对话框。

步骤 03：编辑驱动方法参数。单击 按钮，打开【区域铣削驱动方法】对话框，如图 8-131 所示。

图 8-128　【创建工序】对话框

图 8-129　设置区域轮廓铣参数对话框

图 8-130　指定切削面　　　　　　　图 8-131　【区域铣削驱动方法】对话框

在【非陡峭切削模式】下拉列表中选择【往复】选项，在【步距】下拉列表中选择
【恒定】选项，将【最大距离】的值改为 0.2，在【剖切角】下拉列表中选择【指定】选
项，在【与 XC 的夹角】文本框中输入 135。

单击【确定】按钮，返回上个对话框。

步骤 04：设定进刀参数。单击 按钮，打开【非切削移动】对话框。打开【进刀】
选项卡，在【开放区域】选区的【进刀类型】下拉列表中选择【插削】选项，如图 8-132
所示。

单击【确定】按钮，返回上个对话框。

步骤 05：设定进给率和主轴速度。单击 按钮，打开【进给率和速度】对话框。勾
选【主轴速度】复选框，在其后的文本框中输入 4500。在【进给率】选区，将【切削】
的值改为 2500，单击【主轴速度】后的 按钮进行自动计算，如图 8-133 所示。

图 8-132　进刀的参数设置　　　　　　图 8-133　进给率和速度的参数设置

单击【确定】按钮，返回上个对话框。

步骤 06：生成刀轨。单击▶按钮，系统计算出下表面曲面精加工的刀轨，如图 8-134 所示。

图 8-134　下表面曲面精加工的刀轨

8.3.17　半径 R1 的曲面圆角精加工

步骤 01：创建区域轮廓铣工序。右击

⌐ 🗔 MCS_MILL
　　🗀 WORKPIECE

，弹出快捷菜单，选择【插入】→【工序】命令，打开【创建工序】对话框，如图 8-135 所示。在【类型】下拉列表中选择【mill_contour】选项，在【工序子类型】选区单击🗔按钮，在【位置】选区的【刀具】下拉列表中选择【B2（铣刀-球头铣）】选项，单击【确定】按钮，打开设置区域轮廓铣参数对话框，如图 8-136 所示。

图 8-135　【创建工序】对话框

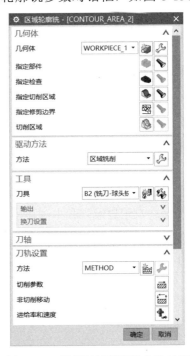

图 8-136　设置区域轮廓铣参数对话框

步骤 02：指定切削面。单击🗔按钮，打开【切削区域】对话框，在绘图区指定图 8-137 所示的切削面。

单击【确定】按钮，返回上个对话框。

步骤 03：编辑驱动方法参数。单击🗔按钮，打开【区域铣削驱动方法】对话框，如图 8-138 所示。

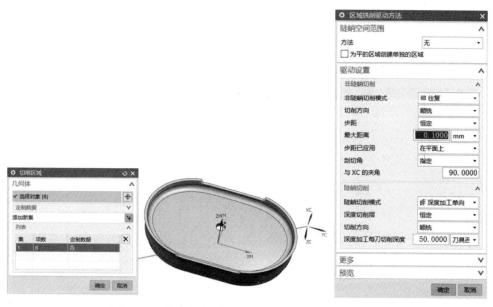

图 8-137　指定切削面　　　　　　图 8-138　【区域铣削驱动方法】对话框

在【区域铣削驱动方法】对话框的【非陡峭切削模式】下拉列表中选择【往复】选项，在【步距】下拉列表中选择【恒定】选项，将【最大距离】的值改为 0.1，在【剖切角】下拉列表中选择【指定】选项，在【与 XC 的夹角】文本框中输入 90。其他参数采用默认设置。

单击【确定】按钮，返回上个对话框。

步骤 04：设定进刀参数。单击 按钮，打开【非切削移动】对话框。打开【进刀】选项卡，在【开放区域】选区的【进刀类型】下拉列表中选择【插削】选项，如图 8-139 所示。

图 8-139　进刀的参数设置

单击【确定】按钮，返回上个对话框。

步骤 05：设定进给率和主轴速度。单击 按钮，打开【进给率和速度】对话框。勾选【主轴速度】复选框，在其后的文本框中输入 4000。在【进给率】选区，将【切削】的值改为 1500，单击【主轴速度】后的 按钮进行自动计算，如图 8-140 所示。

单击【确定】按钮，返回上个对话框。

步骤 06：生成刀轨。单击 ▮ 按钮，系统计算出半径 $R1$ 的曲面圆角精加工的刀轨，如图 8-141 所示。

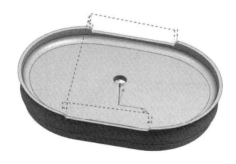

图 8-140　进给率和速度的参数设置　　　　图 8-141　半径 $R1$ 的曲面圆角精加工的刀轨

第9章

熊工件的自动编程与综合加工

【内容】

本章通过熊工件的加工实例，运用 UG 加工模块的型腔铣、使用边界面铣削、深度轮廓加工、底壁加工、区域轮廓铣等命令综合编程，说明复杂工件的数控加工工序安排及其参数设置方法。

【实例】

熊工件的自动编程与综合加工。

【目的】

通过实例讲解，使读者熟悉和掌握复杂工件多工序加工方法及其参数设置方法。

9.1 实例导入

图 9-1 熊工件模型

熊工件模型如图 9-1 所示。

依据工件的结构特征，通过使用边界面铣削、型腔铣、底壁加工、深度轮廓加工和区域轮廓铣等综合加工对其进行相应的操作。本例要求使用综合加工方法对工件各表面的尺寸、形状、表面粗糙度等参数进行加工。

9.2 工艺分析

本例是一个熊工件的编程实例，材料是 7075 铝。加工思路是选用 120mm×80mm×50mm 的毛坯，其中涉及的工序有使用边界面铣削、型腔铣、底壁加工、深度轮廓加工和区域轮廓铣等。使用平口虎钳装夹时毛坯一定要留出 42mm 以上的高度（预防刀具铣到平口虎钳）。首先用【使用边界面铣削】铣出一个光整的平面，方便后续刀具 Z 轴方向对刀（后续刀具 Z 轴方向可采用滚刀方式对刀，避免破坏工件表面），以及调头装夹时此平面可作为底面基准。然后用【型腔铣】创建工件上表面粗加工的刀具路径；用【底壁加工】创建工件 7 个底壁的刀具路径；用【深度轮廓加工】创建二次粗加工的刀具路径。最后用【区域轮廓铣】创建工件曲面轮廓的刀具路径。调头装夹后用【使用边界面铣削】去除毛坯正面加工时用于装夹的部分，并用【使用边界面铣削】进行一道精加工工序。加工工艺方案制定如表 9-1 所示。

表 9-1　加工工艺方案制定

工序号	加工内容	加工方式	余量侧面/底面	机床	刀具	夹具
1	铣平面（作为工件基准）	使用边界面铣削	0mm	铣床	D10 铣刀	平口虎钳
2	上表面粗加工	型腔铣	0.1/0.1mm	铣床	D10 铣刀	平口虎钳
3	底板侧壁精加工	深度轮廓铣加工	0mm	铣床	D10 铣刀	平口虎钳
4	熊掌表面精加工	底壁加工	0mm	铣床	D10 铣刀	平口虎钳
5	上表面半精加工	深度轮廓铣加工	0.1/0.1mm	铣床	D4 铣刀	平口虎钳
6	熊耳朵精加工	底壁加工	0mm	铣床	D4 铣刀	平口虎钳
7	曲面精加工	区域轮廓铣	0mm	铣床	B4 球头铣刀	平口虎钳
8	底板表面精加工	平面铣	0mm	铣床	D10 铣刀	平口虎钳
9	鼻孔精加工	孔铣	0mm	铣床	D1 铣刀	平口虎钳
10	调头装夹					平口虎钳
11	去余量	使用边界面铣削	0/0.2mm	铣床	D16 铣刀	平口虎钳
12	铣平面	使用边界面铣削	0mm	铣床	D10 铣刀	平口虎钳

9.3　自动编程

9.3.1　铣平面（作为工件基准）

步骤 01：导入工件。单击 按钮，打开【打开】对话框，选择资料包中的 *xionggongjian.prt* 文件，单击【OK】按钮，导入熊工件模型。进入建模环境，打开【文件】菜单，选择【首选项】命令下的【用户界面】，打开【用户界面首选项】对话框，单击左侧的【布局】，选择【用户界面环境】下的【经典工具条】，单击【确定】按钮。为创建方块，选择【启动】→【建模】命令，在【命令查找器】中输入"创建方块"，打开【命令查找器】对话框，单击 按钮，打开【创建方块】对话框，如图 9-2 所示。在绘图区框选工件，并将【设置】选区【间隙】的值改为 0。单击 按钮（或选择【插入】→【同步建模】→【偏置区域】命令），打开【偏置区域】对话框，选中方块较宽的两个侧面，偏置距离设置为 1mm（此处注意偏置方向），设置方块高度为 50mm，单击 按钮，进入对话框后选中方块底面，偏置距离设置为 11mm，将其偏置到接近 120mm×80mm×50mm 的一个方块。选择【直线】命令（或选择【插入】→【曲线】→【直线】命令）画出对角线，如图 9-3 所示。

说明：创建方块的主要目的是建立相对应的工件毛坯，此步骤建议在建模状态中完成；画出对角线主要是便于实际加工中对刀，以方便找到毛坯的中心。

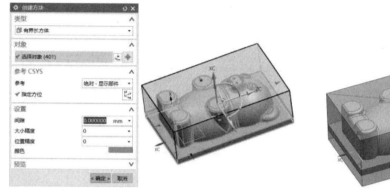 

图 9-2　【创建方块】对话框　　　　　　　　图 9-3　对角线

步骤 02：选择【启动】→【加工】命令进入加工模块，进行 CAM 设置，如图 9-4 所示。

选择【mill_planar】选项，单击【确定】按钮，进入加工环境。

步骤 03：单击界面左侧资源条中的 按钮，打开【工序导航器】对话框，在空白处右击，选择【几何视图】命令，则切换至工序导航器中的几何视图界面，如图 9-5 所示。

 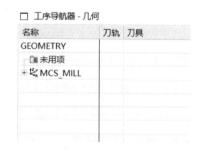

图 9-4　CAM 设置　　　　　　　　　　图 9-5　工序导航器中的几何视图界面

步骤 04：创建机床坐标系。双击 MCS_MILL，打开【MCS 铣削】对话框，单击【机床坐标系】选区的 按钮，打开【CSYS】对话框。单击【操控器】选区的 按钮，打开【点】对话框。单击直线中点，单击【确定】按钮，返回【CSYS】对话框，单击【确定】按钮，返回【MCS 铣削】对话框，完成图 9-6 所示的机床坐标系的创建。

步骤 05：设置安全高度。在【MCS 铣削】对话框的【安全设置】选区，在【安全设置选项】下拉列表中选择【刨】选项，将【距离】的值改为 10。单击【MCS 铣削】对话框中的【确定】按钮，完成图 9-7 所示的安全平面的创建。

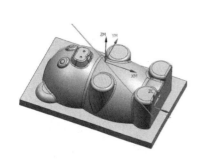

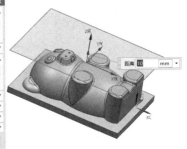

图 9-6　机床坐标系的创建　　　　　　　图 9-7　安全平面的创建

步骤 06：创建刀具。选择【刀具】→【创建刀具】命令，打开【创建刀具】对话框，如图 9-8 所示。默认的【刀具子类型】为铣刀，在【名称】文本框中输入 D16，单击【应用】按钮，打开【铣刀-5 参数】对话框，如图 9-9 所示。在【直径】文本框中输入 16，这样就创建了一把直径为 16 的铣刀。用同样的方法创建 D10、D4、D1、B4 的铣刀。

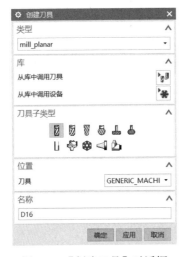
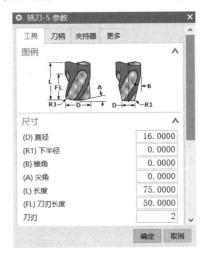

图 9-8　【创建刀具】对话框　　　　　　图 9-9　【铣刀-5 参数】对话框

步骤 07：创建部件几何体。在【工序导航器】对话框中右击 MCS_MILL，弹出快捷菜单，选择【插入】→【几何体】命令，打开【创建几何体】对话框。在【几何体子类型】选区单击 按钮，单击【确定】按钮，打开【工件】对话框。在【几何体】选区单击 按钮，打开【部件几何体】对话框，在绘图区框选整个熊工件。在【部件几何体】对话框中单击【确定】按钮，完成部件几何体的创建，如图 9-10 所示。返回【工件】对话框。

说明：选择部件几何体时不要把方块选中，可按 Ctrl+B 快捷键将其隐藏。

步骤 08：创建毛坯几何体。在【工件】对话框中单击 按钮，打开【毛坯几何体】对话框。在【类型】下拉列表中选择【包容块】选项，单击【确定】按钮，返回【工件】对话框，单击【确定】按钮，完成图 9-11 所示的毛坯几何体的创建。

图 9-10　部件几何体的创建

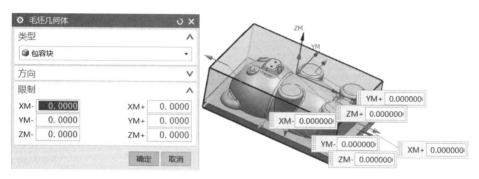

图 9-11　毛坯几何体的创建

步骤 09：创建面铣工序。将工序导航器调整到几何视图，右击 WORKPIECE，弹出快捷菜单，选择【插入】→【工序】命令，打开【创建工序】对话框，如图 9-12 所示。在【类型】下拉列表中选择【mill_planar】选项，在【工序子类型】选区单击 按钮，在【位置】选区的【刀具】下拉列表中选择【D10（铣刀-5 参数）】选项，单击【确定】按钮，打开设置面铣参数对话框。

步骤 10：指定面边界。单击 按钮，打开【毛坯边界】对话框，选取工件的上表面，完成面边界的创建，如图 9-13 所示。

单击【确定】按钮，返回设置面铣参数对话框，如图 9-14 所示。

步骤 11：修改切削模式。在【刀轨设置】选区的【切削模式】下拉列表中选择【往复】选项，在【平面直径百分比】文本框中输入 65。

步骤 12：修改切削角度。单击 按钮，打开【切削参数】对话框。在【策略】选项卡的【切削】选区，在【剖切角】下拉列表中选择【指定】选项，在【与 XC 的夹角】文本框中输入 90，如图 9-15 所示。

单击【确定】按钮，返回上个对话框。

步骤 13：设定进给率和主轴速度。单击 按钮，打开【进给率和速度】对话框，如图 9-16 所示。勾选【主轴速度】复选框，在其后的文本框中输入 4000。在【进给率】选区，将【切削】的值改为 2500，单击【主轴速度】后的 按钮进行自动计算。

图 9-12　【创建工序】对话框

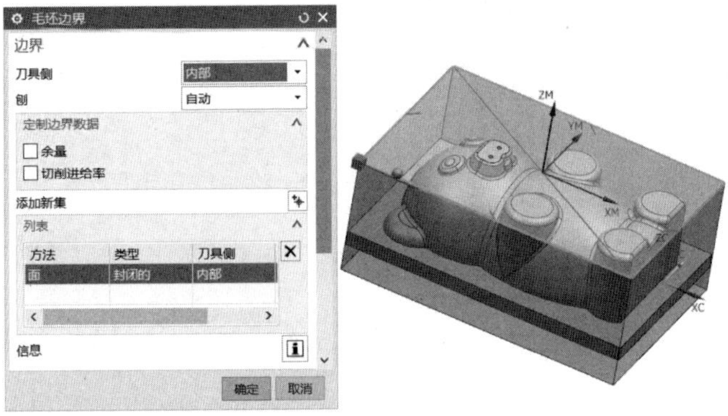

图 9-13　面边界的创建

图 9-14　设置面铣参数对话框

图 9-15　切削参数的设置

单击【确定】按钮，返回上个对话框。

步骤 14：生成刀轨。单击 ⊫ 按钮，系统计算出铣平面（作为工件基准）的刀轨，如图 9-17 所示。

图 9-16　【进给率和速度】对话框

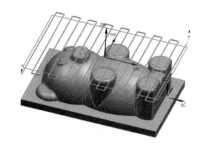

图 9-17　铣平面（作为工件基准）的刀轨

9.3.2　上表面粗加工

步骤 01：创建型腔铣工序。右击 WORKPIECE，弹出快捷菜单，选择【插入】→【工序】命令，打开【创建工序】对话框，如图 9-18 所示。在【类型】下拉列表中选择【mill_contour】选项，在【工序子类型】选区单击 按钮，在【位置】选区的【刀具】下拉列表中选择【D10（铣刀-5 参数）】选项，单击【确定】按钮，打开设置型腔铣参数对话框，如图 9-19 所示。

步骤 02：在【切削模式】下拉列表中选择【跟随周边】选项，在【平面直径百分比】文本框中输入 65，将【最大距离】的值改为 1。

步骤 03：单击 按钮，打开【切削参数】对话框。打开【余量】选项卡，如图 9-20 所示，在【部件侧面余量】文本框中输入 0.1，在【毛坯余量】文本框中输入 2，在【内公差】文本框与【外公差】文本框中输入 0.03。打开【策略】选项卡，如见图 9-21 所示，在【切削顺序】下拉列表中选择【深度优先】选项，在【刀路方向】下拉列表中选择【向内】选项，勾选【岛清根】复选框，在【壁清理】下拉列表中选择【无】选项。

图 9-18　【创建工序】对话框

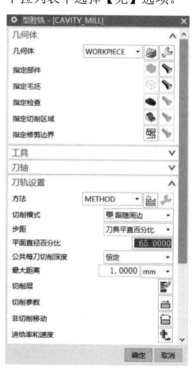

图 9-19　设置型腔铣参数对话框

单击【确定】按钮，返回上个对话框。

步骤 04：单击 按钮，打开【非切削移动】对话框。打开【进刀】选项卡，如图 9-22 所示，在【封闭区域】选区的【斜坡角】文本框中输入 2.0，将【高度】的值改为 1，将【最小斜面长度】的值改为 0。

图 9-20　【余量】选项卡　　　　　图 9-21　【策略】选项卡

步骤 05：打开【转移/快速】选项卡，如图 9-23 所示。在【区域之间】选区的【转移类型】下拉列表中选择【前一平面】选项，将【安全距离】的值改为 1。在【区域内】选区的【转移类型】下拉列表中选择【前一平面】选项，将【安全距离】的值改为 1。

步骤 06：打开【起点/钻点】选项卡，单击【指定点】后的按钮，将工件摆正，在工件外部的 X 轴正向自行取点，完成起点/钻点的参数设置，如图 9-24 所示。

图 9-22　【进刀】选项卡　　　　　图 9-23　【转移/快速】选项卡

图 9-24　起点/钻点的参数设置

单击【确定】按钮，返回上个对话框。

步骤 07：设定进给率和主轴速度。单击 按钮，打开【进给率和速度】对话框，如图 9-25 所示。勾选【主轴速度】复选框，在其后的文本框中输入 3500。在【进给率】选区，将【切削】的值改为 2500，单击【主轴速度】后的 按钮进行自动计算。

单击【确定】按钮，返回上个对话框。

步骤 08：生成刀轨。单击 按钮，系统计算出上表面粗加工的刀轨，如图 9-26 所示。

图 9-25　【进给率和速度】对话框　　　　图 9-26　上表面粗加工的刀轨

9.3.3　底板侧壁精加工

步骤 01：创建深度轮廓加工工序。在工序导航器中右击 WORKPIECE，弹出快捷菜单，选择【插入】→【工序】命令，打开【创建工序】对话框，如图 9-27 所示。在【类型】下拉列表中选择【mill_contour】选项，在【工序子类型】选区单击 按钮，在【位置】选区的【刀具】下拉列表中选择【D10（铣刀-5 参数）】选项，单击【确定】按钮，打开设置深度轮廓加工参数对话框。

步骤 02：指定切削区域。单击 按钮，打开【切削区域】对话框，选取工件底板侧壁面，完成指定切削区域的创建，如图 9-28 所示。

单击【确定】按钮，返回设置深度轮廓加工参数对话框，如图 9-29 所示。

步骤 03：在【刀轨设置】选区将【最大距离】的值改为 0。

步骤 04：单击 按钮，打开【切削参数】对话框。打开【余量】选项卡，如图 9-30 所示，在【内公差】文本框与【外公差】文本框中输入 0.01。

单击【确定】按钮，返回上个对话框。

步骤 05：单击 按钮，打开【非切削移动】对话框。打开【转移/快速】选项卡，如图 9-31 所示。在【区域之间】选区的【转移类型】下拉列表中选择【前一平面】选项，将【安全距离】的值改为1。在【区域内】选区的【转移类型】下拉列表中选择【前一平面】选项，将【安全距离】的值改为1。

步骤06：设置退刀参数。在【非切削移动】对话框中，打开【退刀】选项卡，在【退刀类型】下拉列表中选择【线性-沿矢量】选项，将【长度】的值改为70，单击【确定】按钮，完成退刀的参数设置，如图9-32所示。

单击【确定】按钮，返回上个对话框。

说明：当【退刀类型】选择线性-沿矢量时，在工件上会出现蓝色图标的"WCS"坐标，选择与加工坐标XM方向一致的X轴，目的是在退刀时能够以直线退刀，避免出现加工后留下刀痕。

图9-27 【创建工序】对话框

图9-28 指定切削区域的创建

图9-29 设置深度轮廓加工参数对话框

图9-30 【余量】选项卡

262

图 9-31　【转移/快速】选项卡

图 9-32　退刀的参数设置

步骤 07：设定进给率和主轴速度。单击 🔩 按钮，打开【进给率和速度】对话框，如图 9-33 所示。勾选【主轴速度】复选框，在其后的文本框中输入 4500。在【进给率】选区，将【切削】的值改为 1500，单击【主轴速度】后的 📷 按钮进行自动计算。

单击【确定】按钮，返回上个对话框。

步骤 08：生成刀轨。单击 🏴 按钮，系统计算出底板侧壁精加工的刀轨，如图 9-34 所示。

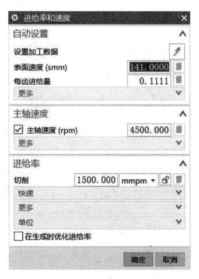

图 9-33　【进给率和速度】对话框　　　　图 9-34　底板侧壁精加工的刀轨

9.3.4　熊掌表面精加工

步骤 01：创建底壁加工工序。在工序导航器中右击 🟦 WORKPIECE，弹出快捷菜单，选择【插入】→【工序】命令，打开【创建工序】对话框，如图 9-35 所示。在【类型】下拉列表中选择【mill_planar】选项，在【工序子类型】选区单击 🔲 按钮，在【位置】选区的【刀具】下拉列表中选择【D10（铣刀-5 参数）】选项，单击【确定】按钮，打开设置底壁加工参数对话框。

步骤02：单击  按钮，打开【切削区域】对话框，选取工件的上表面，完成指定切削区域的创建，如图9-36所示。

图9-35　【创建工序】对话框　　　　　　图9-36　指定切削区域的创建

单击【确定】按钮，返回设置底壁加工参数对话框，如图9-37所示。

步骤03：在【切削模式】下拉列表中选择【跟随周边】选项，在【平面直径百分比】文本框中输入75。

步骤04：单击 按钮，打开【切削参数】对话框。打开【策略】选项卡，如图9-38所示，在【切削】选区的【刀路方向】下拉列表中选择【向内】选项。

步骤05：打开【余量】选项卡，如图9-39所示，在【内公差】文本框与【外公差】文本框中输入0.01。

单击【确定】按钮，返回上个对话框。

步骤06：单击 按钮，打开【非切削移动】对话框。打开【进刀】选项卡，如图9-40所示，在【开放区域】选区的【进刀类型】下拉列表中选择【线性】选项，将【长度】的值改为3，将【最小安全距离】的值改为3。

单击【确定】按钮，返回上个对话框。

步骤07：设定进给率和主轴速度。单击 按钮，打开【进给率和速度】对话框，如图9-41所示。勾选【主轴速度】复选框，在其后的文本框中输入4500。在【进给率】选区，将【切削】的值改为1500，单击【主轴速度】后的 按钮进行自动计算。

单击【确定】按钮，返回上个对话框。

步骤08：生成刀轨。单击 按钮，系统计算出熊掌表面精加工的刀轨，如图9-42所示。

图 9-37　设置底壁加工参数对话框

图 9-38　【策略】选项卡

图 9-39　【余量】选项卡

图 9-40　【进刀】选项卡

图 9-41　【进给率和速度】对话框

图 9-42　熊掌底面精加工的刀轨

9.3.5 上表面半精加工

步骤01：创建深度轮廓加工工序。选择【插入】→【曲线】→【矩形】命令，在工件上画一个长方体的线框。在工序导航器中右击  WORKPIECE，弹出快捷菜单，选择【插入】→【工序】命令，打开【创建工序】对话框。在【类型】下拉列表中选择【mill_contour】选项，在【工序子类型】选区单击 按钮，在【位置】选区的【刀具】下拉列表中选择【D4（铣刀-5 参数）】选项，单击【确定】按钮，打开设置深度轮廓加工参数对话框。

说明：画线框的目的是为了能够在二次粗加工时减少不必要的加工刀路，以减少加工时间。

步骤02：单击 按钮，打开【修剪边界】对话框。选取长方体的线框，完成指定修剪边界的创建，如图 9-44 所示。

单击【确定】按钮，返回设置深度轮廓加工参数对话框，如图 9-45 所示。

说明：在选择修剪边界时一定要按顺序选择，在【修剪边界】对话框中的【修剪侧】下拉列表中选择【外部】选项。

图 9-43　【创建工序】对话框　　　　　　图 9-44　指定修剪边界的创建

步骤03：将【最大距离】的值改为0.1。

步骤04：设定切削余量。单击 按钮，打开【切削参数】对话框。打开【余量】选项卡，如图 9-46 所示，在【部件侧面余量】文本框中输入 0.1。

单击【确定】按钮，返回上个对话框。

步骤05：单击 按钮，打开【非切削移动】对话框。打开【进刀】选项卡，如图 9-47 所示，在【封闭区域】选区的【斜坡角】文本框中输入 2，将【高度】的值改为 1，将【最小斜面长度】的值改为 0。

步骤06：打开【转移/快速】选项卡，如图 9-48 所示，在【区域之间】选区的【转移类型】下拉列表中选择【前一平面】选项，将【安全距离】的值改为 1。在【区域内】选区的【转移类型】下拉列表中选择【前一平面】选项，将【安全距离】的值改为 1。

单击【确定】按钮，返回上个对话框。

步骤 07：设定进给率和主轴速度。单击 按钮，打开【进给率和速度】对话框，如图 9-49 所示。勾选【主轴速度】复选框，在其后的文本框中输入 4500。在【进给率】选区，将【切削】的值改为 2500，单击【主轴速度】后的 按钮进行自动计算。

单击【确定】按钮，返回上个对话框。

步骤 08：生成刀轨。单击 按钮，系统计算出上表面半精加工的刀轨，如图 9-50 所示。

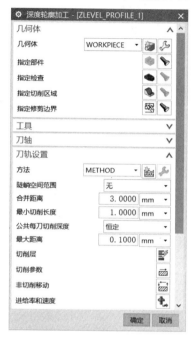

图 9-45　设置深度轮廓加工参数对话框

图 9-46　【余量】选项卡

图 9-47　【进刀】选项卡

图 9-48　【转移/快速】选项卡

图 9-49　【进给率和速度】对话框

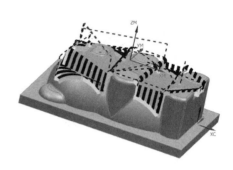

图 9-50　上表面半精加工的刀轨

9.3.6　熊耳朵精加工

步骤 01：创建底壁加工工序。右击 ☁ WORKPIECE，弹出快捷菜单，选择【插入】→【工序】命令，打开【创建工序】对话框，如图 9-51 所示。在【类型】下拉列表中选择【mill_planar】选项，在【工序子类型】选区单击 按钮，在【位置】选区的【刀具】下拉列表中选择【D4（铣刀-5 参数）】选项，单击【确定】按钮，打开设置底壁加工参数对话框。

步骤 02：单击 按钮，打开【切削区域】对话框，选取工件的上表面，完成指定切削区域的创建，如图 9-52 所示。

单击【确定】按钮，返回设置底壁加工参数对话框，如图 9-53 所示。

步骤 03：在【切削模式】下拉列表中选择【轮廓】选项，在【平面直径百分比】文本框中输入 50。

步骤 04：单击 按钮，打开【切削参数】对话框。打开【余量】选项卡，如图 9-54 所示，在【内公差】文本框与【外公差】文本框中输入 0.01。

单击【确定】按钮，返回上个对话框。

步骤 05：单击 按钮，打开【非切削移动】对话框。打开【进刀】选项卡，如图 9-55 所示，在【开放区域】选区的【进刀类型】下拉列表中选择【线性】选项，将【长度】的值改为 3，将【最小安全距离】的值改为 3。

单击【确定】按钮，返回上个对话框。

步骤 06：设定进给率和主轴速度。单击 按钮，打开【进给率和速度】对话框，如图 9-56 所示。勾选【主轴速度】复选框，在其后的文本框中输入 3500。在【进给率】选区，将【切削】的值改为 1500，单击【主轴速度】后的 按钮进行自动计算。

单击【确定】按钮，返回上个对话框。

步骤 07：生成刀轨。单击 按钮，系统计算出熊耳朵精加工的刀轨，如图 9-57 所示。

图 9-51　【创建工序】对话框

9-52　指定切削区域的创建

图 9-53　设置底壁加工参数对话框

图 9-54　【余量】选项卡

图 9-55　【进刀】选项卡

269

图 9-56　【进给率和速度】对话框

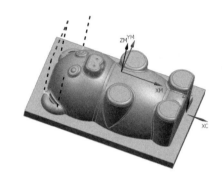

图 9-57　熊耳朵精加工的刀轨

9.3.7　曲面精加工

步骤 01：创建区域轮廓铣工序。右击 WORKPIECE，弹出快捷菜单，选择【插入】→【工序】命令，打开【创建工序】对话框，如图 9-58 所示。在【类型】下拉列表中选择【mill_contour】选项，在【工序子类型】选区单击 按钮，在【位置】选区的【刀具】下拉列表中选择【B4（铣刀-球头铣）】选项，单击【确定】按钮，打开设置区域轮廓铣参数对话框。

步骤 02：单击 按钮，打开【切削区域】对话框。选取工件的曲面部分，完成指定切削区域的创建，如图 9-59 所示。

图 9-58　【创建工序】对话框

图 9-59　指定切削区域的创建

单击【确定】按钮，返回上个对话框。

步骤 03：单击 按钮，打开【区域铣削驱动方法】对话框，如图 9-60 所示。在【非陡峭切削模式】下拉列表中选择【往复】选项，在【步距】下拉列表中选择【恒定】选项，将【最大距离】的值改为 0.2，在【步距已应用】下拉列表中选择【在部件上】选项，在【剖切角】下拉列表中选择【指定】选项，在【与 XC 的夹角】文本框中输入 45。

单击【确定】按钮，返回上个对话框。

步骤 04：单击 按钮，打开【非切削移动】对话框。打开【进刀】选项卡，如图 9-61 所示，在【开放区域】选区的【进刀类型】下拉列表中选择【插削】选项，将【高度】的值改为 3。

单击【确定】按钮，返回上个对话框。

说明：【高度】值的单位为"mm"。

图 9-60　【区域铣削驱动方法】对话框

图 9-61　【进刀】选项卡

步骤 05：设定进给率和主轴速度。单击 按钮，打开【进给率和速度】对话框，如图 9-62 所示。勾选【主轴速度】复选框，在其后的文本框中输入 4500。在【进给率】选区，将【切削】的值改为 2000，单击【主轴速度】后的 按钮进行自动计算。

单击【确定】按钮，返回上个对话框。

步骤 06：生成刀轨。单击 按钮，系统计算出曲面精加工的刀轨，如图 9-63 所示。

图 9-62　【进给率和速度】对话框

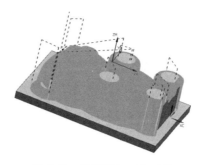

图 9-63　曲面精加工的刀轨

9.3.8 底板表面精加工

步骤 01：创建平面铣工序。在工序导航器中右击 WORKPIECE，弹出快捷菜单，选择【插入】→【工序】命令，打开【创建工序】对话框，如图 9-64 所示。在【类型】下拉列表中选择【mill_planar】选项，在【工序子类型】选区单击 按钮，在【位置】选区的【刀具】下拉列表中选择【D10（铣刀-5 参数）】选项，单击【确定】按钮，打开设置平面铣参数对话框。

步骤 02：单击 按钮，打开【边界几何体】对话框。在【模式】下拉列表中选择【曲线/边】选项，打开【编辑边界】对话框，选择熊与底板的交线，在【材料侧】下拉列表中选择【内部】选项，完成部件边界的指定，如图 9-65 所示。

单击两次【确定】按钮，返回设置平面铣参数对话框。

说明：选取工件底部边界时不能出现跳段线，一定要通过边放大工件边选取边界线，直至边界线形成封闭曲线。

步骤 03：单击 按钮，打开【刨】对话框，选取底面，完成底面的设定，如图 9-66 所示。

单击【确定】按钮，返回设置平面铣参数对话框，如图 9-67 所示。

步骤 04：在【切削模式】下拉列表中选择【轮廓】选项，在【步距】下拉列表中选择【刀具平直百分比】选项，在【平面直径百分比】文本框中输入 50，在【附加刀路】文本框中输入 2。

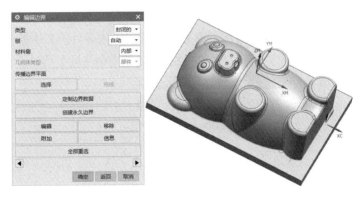

图 9-64　【创建工序】对话框　　　　　图 9-65　部件边界的指定

步骤 05：单击 按钮，打开【切削参数】对话框。打开【余量】选项卡，如图 9-68 所示，在【内公差】文本框与【外公差】文本框中输入 0.01。

单击【确定】按钮，返回上个对话框。

步骤 06：设定进给率和主轴速度。单击 按钮，打开【进给率和速度】对话框，如图 9-69 所示。勾选【主轴速度】复选框，在其后的文本框中输入 4500。在【进给率】选区，将【切削】的值改为 2000，单击【主轴速度】后的 ▦ 按钮进行自动计算。

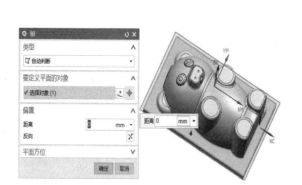

图 9-66 底面的设定　　　　　图 9-67 设置平面铣参数对话框

单击【确定】按钮，返回上个对话框。

步骤 07：生成刀轨。单击 ▶ 按钮，系统计算出底板表面精加工的刀轨，如图 9-70 所示。

图 9-68 【余量】选项卡

图 9-69 【进给率和速度】对话框

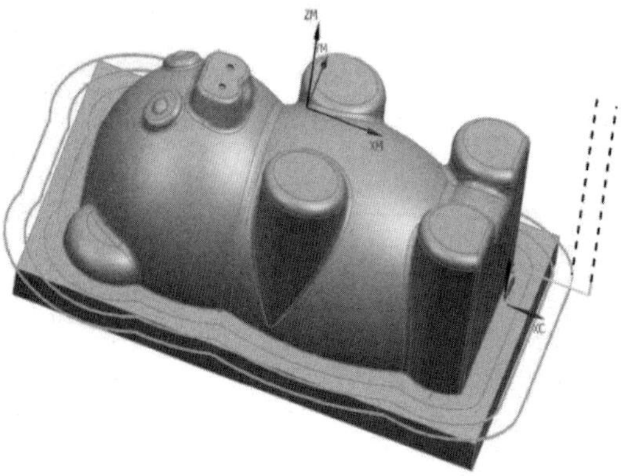

图 9-70　底板表面精加工的刀轨

9.3.9　鼻孔精加工

步骤 01：创建孔铣工序。在工序导航器中右击 WORKPIECE，弹出快捷菜单，选择【插入】→【工序】命令，打开【创建工序】对话框，如图 9-71 所示。在【类型】下拉列表中选择【mill_planar】选项，在【工序子类型】选区单击按钮，在【位置】选区的【刀具】下拉列表中选择【D1（铣刀-5 参数）】选项，单击【确定】按钮，打开设置孔铣参数对话框。

步骤 02：单击按钮，打开【特征几何体】对话框，选取两个孔，完成孔的选择，如图 9-72 所示。

单击【确定】按钮，返回设置孔铣参数对话框，如图 9-73 所示。

步骤 03：在【轴向】选区的【每转深度】下拉列表中选择【距离】选项，将【螺距】的值改为 10。

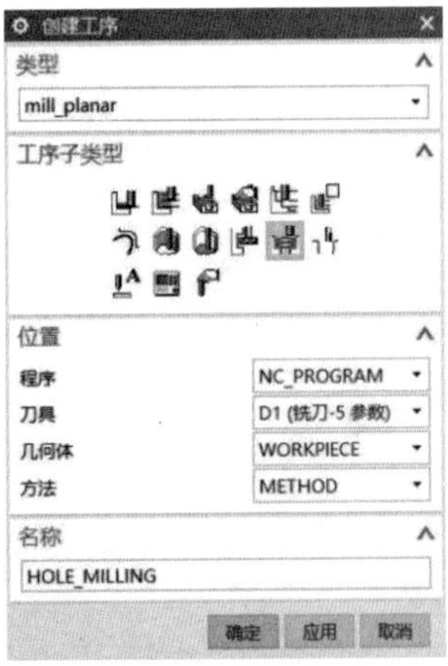

图 9-71　【创建工序】对话框

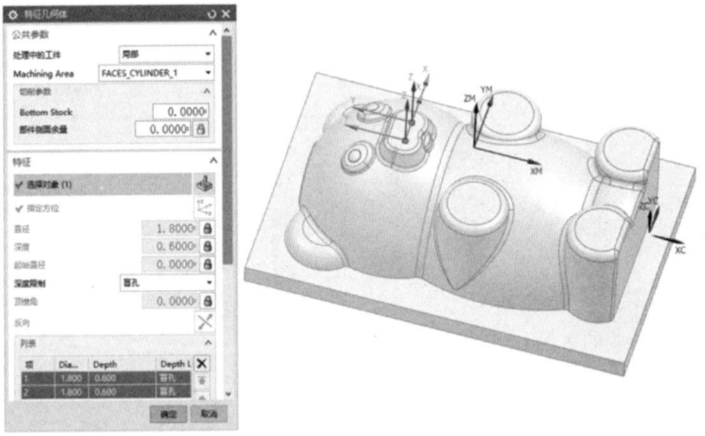

图 9-72　孔的选择

图 9-73　设置孔铣参数对话框

步骤 04：设定进给率和主轴速度。单击 按钮，打开【进给率和速度】对话框，如图 9-74 所示。勾选【主轴速度】复选框，在其后的文本框中输入 1000。在【进给率】选区，将【切削】的值改为 100，单击【主轴速度】后的 按钮进行自动计算。

单击【确定】按钮，返回上个对话框。

步骤 05：生成刀轨。单击 按钮，系统计算出鼻孔精加工的刀轨，如图 9-75 所示。

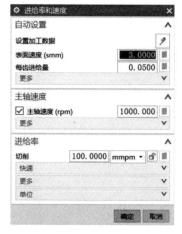

图 9-74　【进给率和速度】对话框

图 9-75　鼻孔精加工的刀轨

9.3.10　调头装夹

步骤 01：创建反面加工坐标系。右击 MCS_MILL WORKPIECE ，弹出快捷菜单，选择【插入】→【几何体】命令，打开【创建几何体】对话框，单击【确定】按钮，打开【MCS】对话框，单击 按钮，打开【CSYS】对话框，双击 Z 轴上的箭头使其反向，完成反面加工坐标系的定义，如图 9-76 所示。

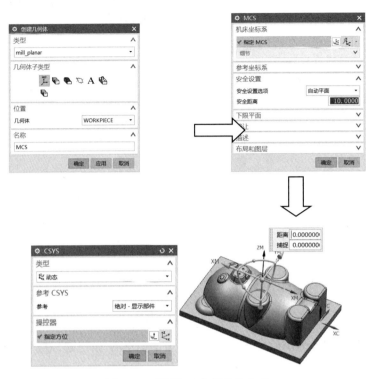

图 9-76 反面加工坐标系的定义

单击【确定】按钮，返回【MCS】对话框。

步骤 02：在几何视图中右击 ⚛MCS　，弹出快捷菜单，选择【插入】→【几何体】命令，打开【创建几何体】对话框，如图 9-77 所示。在【几何体子类型】选区单击 按钮，单击【确定】按钮，几何视图如图 9-78 所示。

图 9-77　【创建几何体】对话框

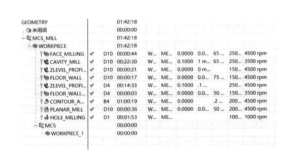

图 9-78　几何视图

9.3.11　去余量

步骤 01：创建面铣工序。在工序导航器中右击 ⚛WORKPIECE_1 　，弹出快捷菜单，选择【插入】→【工序】命令，打开【创建工序】对话框，如图 9-79 所示，选用 D16 铣刀。在【类型】下拉列表中选择【mill_planar】选项，在【工序子类型】选区单击 按钮，单击【确定】按钮，打开设置面铣参数对话框，如图 9-80 所示。在【切削模式】下拉列表中选择【跟随周边】选项，在【步距】下拉列表中选择【恒定】选项，将【最大距离】的值改为 1，在【毛坯距离】文本框中输入 12，在【最终底面余量】文本框中输入 0.2。

说明：在创建面铣之前，先返回建模环境下，使用 Ctrl+Shift+U 快捷键显示被隐藏的方块。将方块的下表面与工件的下表面用"替换面"替换成同一个平面。

图 9-79　【创建工序】对话框

图 9-80　设置面铣参数对话框

步骤 02：单击⊗按钮，打开【毛坯边界】对话框，如图 9-81 所示。毛坯边界选择方块下表面，如图 9-82 所示。

单击【确定】按钮，返回上个对话框。

说明：如果要调出原先创建的方块，那么可以使用 Ctrl+Shift+U 快捷键显示被隐藏的方块。

图 9-81　【毛坯边界】对话框

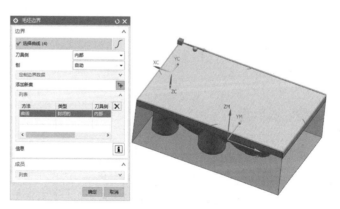

图 9-82　选择方块下表面

步骤 03：单击▦按钮，打开【切削参数】对话框。打开【策略】选项卡，如图 9-83 所示，在【切削】选区的【刀路方向】下拉列表中选择【向内】选项。

单击【确定】按钮，返回上个对话框。

步骤04：设定进给率和主轴速度。单击▣按钮，打开【进给率和速度】对话框，如图9-84所示。勾选【主轴速度】复选框，在其后的文本框中输入3500。在【进给率】选区，将【切削】的值改为1500，单击【主轴速度】后的▣按钮进行自动计算。

单击【确定】按钮，返回上个对话框。

步骤05：生成刀轨。单击▣按钮，系统计算出去余量的刀轨，如图9-85所示。

图9-83　【策略】选项卡

图9-84　【进给率和速度】对话框

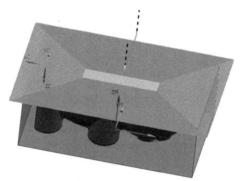

图9-85　去余量的刀轨

9.3.12 铣平面

步骤01：创建面铣工序。右击 ⊛ WORKPIECE_1 ，弹出快捷菜单，选择【插入】→【工序】命令，打开【创建工序】对话框，如图9-86所示。在【类型】下拉列表中选择【mill_planar】选项，在【工序子类型】选区单击▣按钮，单击【确定】按钮，打开设置面铣参数对话框，如图9-87所示。在【切削模式】下拉列表中选择【单向】选项，在【平面直径百分比】文本框中输入50。

图 9-86　【创建工序】对话框

图 9-87　设置面铣参数对话框

步骤 02：单击⊗按钮，打开【毛坯边界】对话框，如图 9-88 所示。毛坯边界选择方块下表面，如图 9-89 所示。

图 9-88　【毛坯边界】对话框

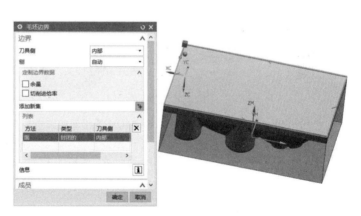

图 9-89　选择方块下表面

单击【确定】按钮，返回上个对话框。

步骤 03：单击⊞按钮，打开【切削参数】对话框。打开【策略】选项卡，如图 9-90 所示，在【切削】选区的【剖切角】下拉列表中选择【指定】选项，在【与 XC 的夹角】文本框中输入 90。

单击【确定】按钮，返回上个对话框。

步骤 04：设定进给率和主轴速度。单击🛦按钮，打开【进给率和速度】对话框，如图 9-91 所示。勾选【主轴速度】复选框，在其后的文本框中输入 4500。在【进给率】选区，将【切削】的值改为1000，单击【主轴速度】后的 按钮进行自动计算。

单击【确定】按钮，返回上个对话框。

步骤05：生成刀轨。单击 按钮，系统计算出铣平面的刀轨，如图9-92所示。

图 9-90　【策略】选项卡　　　　　图 9-91　【进给率和速度】对话框

图 9-92　铣平面的刀轨

参考文献

[1] 米俊杰. UG NX10.0 技术大全[M]. 北京：电子工业出版社，2016.

[2] 何耿煌，李凌祥，程程. UG NX 10.0 从入门到精通[M]. 北京：中国铁道出版社，2016.

[3] 来振东. UG NX 10.0 快速入门及应用技巧[M]. 北京：机械工业出版社，2015.

[4] 杜智敏，吴柳机，何华妹. 模具数控加工[M]. 北京：人民邮电出版社，2006.

[5] 展迪优. UG NX10.0 数控编程教程[M]. 北京：机械工业出版社，2015.